再忙，也要仰望星空，

写给每位地球人的通识读物！

人类与其他动物一样——我们需要食物，我们充满杀戮。

人类与其他动物不一样——我们不仅能依靠天然食物，我们还能生产食物以满足不断增长的族群需要；我们不用尖牙或利爪杀戮，我们能生产武器屠灭其他生命。我们杀戮的理由绝不仅是求生。

天体物理学家尼尔·德格拉斯·泰森记录了有关人类探索宇宙的前世今生。尼尔揭示，人类区别于动物的本质，即根植于人类基因中的探索精神。为了满足对自然的好奇，人类能理性或感性地探索我们的世界和宇宙。

从第一名仰望星空的原始人开始，人类探索宇宙的步伐就从未停歇。正如刘慈欣在《朝闻道》中描述，“当第一名伟大的望星人出现后，人类对宇宙奥秘的探索飞速前行；智慧生命最大的悲哀莫过于失去探知宇宙终极奥秘的机会。”所以，人类不断地探究宇宙，不计艰险；伟大的望星人坚持着探索，即便付出生命的代价。又如刘慈欣在《三体》中提到：“我们都是阴沟里的虫子，但总得有人仰望星空。”他们是我们族群里的勇士，代表着全人类负重前行，航向星辰大海。

本书从地缘政治的角度开始，阐明了人类社会的探索活动与政治息息相关。通过回顾人类（主要是美国人）在探索宇宙过程中付出的努力、经受的挫折、获得的回报，尼尔为我们展现了一幅幅宏大的画卷。尼尔叙述了世界各国在探索宇宙这项科学实践中的现状，并指出了当下存在的问题。尼尔描绘了自己的愿景，展望了人类探索宇宙的未来。

《宇宙探索》是尼尔·德格拉斯·泰森继《起源》、《死亡黑洞》、《冥王星档案》等畅销书之后，又一部科普力作，并荣登《纽约时报》畅销书榜。

阅读本书，我们能步入宇航员及天体物理学家的视野，站在人类探索宇宙的前沿，思考人类、社会、科学与宇宙的关系这样的哲学命题。

科学可以这样看丛书

SPACE CHRONICLES
宇宙探索

直面终极前沿

〔美〕尼尔·德格拉斯·泰森（Neil deGrasse Tyson）著
杨桓　张敬 译

你应该知道的宇宙真相
记录人类探索宇宙的非凡成就
思索人类探索宇宙与自然的终极意义

重庆出版集团 重庆出版社

图书在版编目(CIP)数据

宇宙探索 / (美)尼尔·德格拉斯·泰森著; 杨桓,张敬译.
—重庆:重庆出版社,2019.8(2019.9重印)
(科学可以这样看丛书/冯建华主编)
书名原文:SPACE CHRONICLES
ISBN 978-7-229-14178-3

Ⅰ.①宇… Ⅱ.①尼… ②张… ③杨… Ⅲ.①宇宙—普及读物 Ⅳ.①P159-49

中国版本图书馆CIP数据核字(2019)第099580号

宇宙探索
YUZHOU TANSUO
〔美〕尼尔·德格拉斯·泰森(Neil deGrasse Tyson) 著 杨桓 张敬 译

责任编辑:连 果
责任校对:何建云
封面设计:博引传媒·何华成

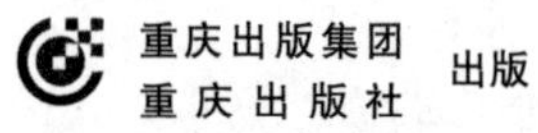

出版

重庆市南岸区南滨路162号1幢 邮政编码:400061 http://www.cqph.com
重庆出版集团艺术设计有限公司制版
重庆市国丰印务有限责任公司印刷
重庆出版集团图书发行有限公司发行
E-MAIL:fxchu@cqph.com 邮购电话:023-61520646
全国新华书店经销

开本:710mm×1000mm 1/16 印张:17 字数:253千
2019年8月第1版 2019年9月第2次印刷
ISBN 978-7-229-14178-3
定价:45.00元

如有印装质量问题,请向本集团图书发行有限公司调换:023-61520678

Advance Praise for SPACE CHRONICLES
《宇宙探索》一书的发行评语

阅读本书的感觉非常享受，没有晦涩难懂的语言，即便对宇宙知识一无所知的门外汉也能跟上节奏。

——戴瓦·梭贝尔（Dava Sobel），美国作家，
《经度》《伽利略的女儿》《玻璃宇宙》作者

泰森有着渊博的知识……他风趣、幽默且谦和虚心。最重要的是，他秉持着“仁”的理念。

——《娱乐周刊》

扑面而来的宏大画面……纯正的天文学家。

——卡尔·齐默(Carl Zimmer),《花花公子》作者

成为一个广受赞誉的天文物理学家是一回事，拥有喜感却是另一回事。普通人通常难以两者兼具，泰森做到了。

——乔恩·斯图尔特(Jon Stewart),《每日秀》主编

如果需要有人去重新启动宇宙，尼尔·德格拉斯·泰森将是不二之选。

——丹尼斯·奥弗比(Dennis Overbye),《纽约时报》

泰森满脑子都是思想。

——莉萨·德·莫赖斯(Lisa de Moraes),《华盛顿邮报》

今天，我们更需要一个能告诉我们人类是如何探索宇宙的作家，而不仅是告诉我们人类探索到了什么。尼尔·德格拉斯·泰森就是最佳人选。

——安东尼·多尔(Anthony Doerr),《波士顿周日环球报》

泰森——是推广科普的行家。

——《人物》

他继承了卡尔·萨根的罕有能力（由睿智与传播推广组合而成的能力）。

——塞思·麦克法兰(Seth MacFarlane),《恶搞之家》创作人

泰森对各种事件的解释都与他对自然法则的热情相匹配，从暗物质到荒谬的僵尸，他是科学界的摇滚巨星。

——《大观》杂志

尼尔·德格拉斯·泰森或许是那些具有生命感的科学的最佳发言人。

——马特·布鲁姆(Matt Blum),《连线》杂志

编 者 按

回溯20世纪90年代中期，尼尔·德格拉斯·泰森开始为《自然史》杂志撰写他那备受追捧的"宇宙"专栏。当时，从财务到发行，《自然史》皆由美国自然历史博物馆管理。同时，海登天文馆也归这一博物馆管理。2002年夏，泰森成为了海登天文馆的主任，而自然历史博物馆预算的紧缩以及人们观点的转变使《自然史》渐渐步入私有化。同一时期，我升任为《自然史》的高级编辑，即泰森的编辑。直至今天，这一关系依然存在，尽管我们俩均已更换了工作。

难以想象，一名卸任的艺术史学家兼馆长会成为泰森的理想编辑。但这是事实。他关注交流，关注科学素养的培养。我们能共同创作出大众能理解的且极具科学意义的文章，这是我们最大的共鸣。

从苏联将一个袖珍的、会发声的球放到地球轨道上那一刻算起，业已过去了半个多世纪；而距离美国把它的首名宇航员送到月球漫步也有将近半个世纪了。现在，富翁可以花上两三百万美元的价格，预订一次私人太空之旅。美国航空航天公司正在测试适合的交通工具，以实现国际空间站与地球之间的乘客和货物运输。此外，人类发射了数量众多的人造卫星，占据了近地轨道的几乎全部空间。今天，人们已开始谈论小行星开采及太空军备的相关事宜。

在本世纪开局的10年，美国蓝带委员会已开始计划远大的太空旅行。然而，国家航空航天管理局（NASA）的预算难以与目标匹配。因此，它仅实现了人类在近地轨道上的活动，更远的航行则只能由机器人来完成。2011年初，NASA警告国会，就目前发射系统的设计以及政府在这方面的资金投入作推算，未来5年内美国将无法回到太空。

同时，其他国家前进的步伐却并未停滞。中国在2003年将首名宇航员送入太空；印度计划在2015年完成类似的计划。欧盟在2004年发射了首枚月球探测器；日本在2007年、印度在2008年，各自发射了自己的月球探测器；俄国提出了2012年重返太空的计划。2010年10月，在第61个国庆节上，中国完成了第2枚月球探测器的发射。这次发射的主要任务是勘测着陆地点，以服务于2013年的第3枚月球探测器的着陆。巴西、以色列、伊朗、韩国、乌克兰、加拿大、法国、德国、意大利、英国，也都有完善且活跃的太空机构。全球大约有50个国家能操控卫星。南非刚建立了一个国家太空署，接下来还会有一个泛阿拉伯太空局。多国合作开始变得时髦起来。全世界的科学家（包括美国科学家）都认为，太空是全球共有领地——适合全体人类共有的区域。他们期望快速展开探索，无论遇到何种危机、缺陷或是挫折。

尼尔·德格拉斯·泰森思考并记录了上面提到的所有问题，还提出了一些新观点。在本书中，我们收录了他在15年间针对宇宙探索进行的重要论述，按我们的意见将其有机地组织成了三大部分："为什么"、"如何做"、"为什么不"。为什么人类惊叹于我们的宇宙且不断探索？在宇宙中，我们是如何成功地让自己的足迹触及到目前已履及的位置，将来又会达到什么样的程度？在狂热科学者的大胆梦想中，是什么障碍阻止了他们去满足自己的愿望？太空政治的分析为本书揭开序幕；关于太空的意义的深度思索则进一步完善了本书篇章。

总之，如果没有宇航员的存在，就如同没有了原子，我们将被冰尘、电磁辐射、孤寂与危机所构成的太空笼罩。现在，泰森走到了前台，他将带我们穿越那些可在瞬间让我们万劫不复的重重劫难。洗耳恭听吧，去太空生活已排上了我们的日程。

——阿维丝·朗

目 录

序　言

太空政治

在思考问题时，一些人会先从情感的角度出发，再从政治的角度去思考；另一些人则会在感性地思考问题前，先从政治的角度去思考；还有一些人不会理性思考任何问题。

这不是在评价好与坏，只是在描述一个客观现象。

某些人类思维造就的最具创造性的进步，的确是非理性的，甚至是潜意识的。情感的力量驱策着我们这一物种，创造出了伟大的艺术与发明。不然，我们如何解释“天才与疯子仅一步之遥”？

完全理性并非不可行，但前提条件是所有人都需要完全理性。显然，此种状态只存在于幻想，如“理性的马儿”里的经典案例，莱缪尔·格利佛（Lemuel Gulliver）（《格利佛游记》的主人公）在18世纪早期的旅行中，偶然发现了一群具有智慧的马儿所构成的团体（“理性的马儿”这个名字即译自当地的语言，意为“自然之完美”）。我们也在《星际迷航》这一永恒的经典科幻连续剧中，找到了一个理性社会，它存在于伏尔甘种族中。在这两个世界里，社会的决策兼顾了效率与协作，没有浮夸、激情或虚伪。

一个社会中，有感性的人、理性的人，也有处于这二者之间的其他人——认为自己是按理性做事但实际上却是跟着感觉或直觉走的人。当人类尝试着去治理这样的一个社会时，政治就成为了一种必要。政治的最佳状态，是融合了上述所有这些思维状态而形成的一种杂烩，再加上一些调料，比如社区、身份，以及经济。糟糕至极的政治亦与其成长环境相关，在信息不全甚至扭曲的情况下，全体选民需要在此基础上作出知情后的决定，无论是符合逻辑的决定还是感情用事的决定。

在此种基础上，我们无可避免地会出现多样化的政治观点，这些观点没有统一的希望，甚至不会有统一的趋势。有一些非常热点的问题，包括堕胎、死刑、国防开支、金融监管、枪支管制以及税法。在这些问题上，你的立足点与你所在政党的信仰集合息息相关。在某些情况下，它甚至还超越了相关，成为了一种政治身份的基础。

上述这些内容，可能会促使你展开思考：一个政治很急躁的政府，如何才能有所建树。喜剧大师兼脱口秀主持人乔恩·斯图尔特（Jon Stewart）说过，如果反对是赞同的反义词，那么国会就是进步的反义词（国会的英文单词是 congress，进步的英文单词是 progress，两单词后面 5 个字母均是 gress。除掉这 5 个字母后，其前缀 con 与 pro 在英文中分别表示反对与赞同）。

直到最近，太空探索方才超脱了政治。NASA 处于两党之争以外，它超越党派而存在。一个人是否支持 NASA，与他是激进还是保守、民主党还是共和党、城里人还是乡下人、贫穷还是富贵，皆不相干。

NASA 在美国文化中的定位进一步证实了这一现象。地理位置上，NASA 的 10 个中心横布于美国的 8 个州。2008 年联邦大选后，在议院中有 6 席民主党人与 4 席共和党人代表着这 10 个中心；而 2010 年大选后，这个分布反转了过来。从那些州选举出来的参议员也有着一种近似的平衡，有 8 个共和党人，就有 8 个民主党人。多年以来，“左 - 右”两派共同坐庄，成为了 NASA 支撑体系中长存的特征。《1958 美国国家航空暨太空法令》在共和党总统德怀特·大卫·艾森豪威尔（Dwight D. Eisenhower）任上成为了法律。民主党总统约翰·费茨杰拉德·肯尼迪（John F. Kennedy）在 1961 年启动了阿波罗计划。1969 年，阿波罗 11 号宇航员留在月球的板子上，还有共和党总统理查德·米尔豪斯·尼克松（Richard M. Nixon）的签名。

下面这点也许仅是巧合，有 24 个宇航员来自中立的俄亥俄州——这比其他任何一个州都多。他们中包括：约翰·格伦（John Glenn）（美国第 1 个到达地球轨道的宇航员）和尼尔·阿姆斯特朗（Neil Armstrong）（全球第 1 个在月球上漫步的人）。

如果一定要说党派政治曾对 NASA 活动产生过影响，那么，它也仅体现在一些 NASA 的周边行动上。比如，从原则上讲，尼克松总统可以派遣当时刚投入使用的约翰·费茨杰拉德·肯尼迪号航空母舰，将阿波罗 11 号指令舱从太平洋上拖回来。如果真是那样，结局一定会非常美好。然而，他却派遣了大黄蜂号航空母舰，在当时这更像是一种权宜之计。因为肯尼迪号从未见识过太平洋，它还停在维吉利亚州朴茨茅斯港的干船坞上，等待 1969 年 7 月下水。再看另一个例子：共和党总统罗纳德·里根（Ronald Reagan）对太空商业是友善的，在这一高层领导人的关注下，议会于 1984 年通过了商业太空发射法案（《空间商业发射法》）。这一法案不单是允许，更是鼓励了普通百姓使用 NASA 资助的运载工具与空间设备进行创新，使太空的前沿向私营企业开放了。一个民主党人可能会、也可能不会想出那样一条法案，但共和党上议院与民主党众议院都通过了这一法案。对美国人来说，其意义等同于人类登月。

可以这样说，NASA 的成就超越了国界。哈勃太空望远镜所带来的那些震撼人心的宇宙照片，将遥远的宇宙呈现在了每一位联接到互联网的人的眼前。阿波罗宇航员的身影也出现在了其他国家的邮票上，比如迪拜和卡塔尔。阿波罗 12 号宇航员阿兰·比恩（Alan Bean），作为完成月球行走的第四人，在 2006 年的纪录片《月之阴影》中评说，“在他的环球旅行中，人们会欢欣鼓舞地宣布‘我们做到了！’他们不会说‘你做到了！’或者‘美国做到了！’尽管在月球上行走的人中，军人占据了 80% 的比例且美国男性的比例为 100%，但他们却是我们整个人类的代表，绝非某个国家或某个政治意识形态的代表。”

尽管在历史上，NASA 超脱于党派、超脱于政治，但它仍然受到了国际形势的影响，这些力量甚至超过了在美国国内能起主导作用的政权。苏联在 1957 年发射了第 1 颗人造地球卫星“斯普特尼克 1 号”，吓得美国屁滚尿流地进入了空间时代。1958 年，NASA 在冷战的氛围中呱呱坠地。苏联将第 1 个人类送入了地球轨道，仅数周后，美国就构筑了阿波罗登月计划。在当时，在所有的重要空间成就中，苏联都在事实上打败了我们：首次太空行走、最远太空行走、首名进入太空的女性、首次实现太空中对接、首个空间站、进入太空时间最长。美国选择了掩耳盗铃之法以忽略竞赛中的所有失利，宣称自己将成为登月的种族。

所以，我们在登月上打败了俄国人，我们弹冠相庆这场胜利。因为俄国人没有机会将人类送上月球表面，我们也在之后停下了继续前去那里的计划。接下来发生了什么？俄国人“威胁”要建立大量的空间平台，携带装备以观察地球表面所发生的巨细无遗的事儿。这个长达数十年的计划始于1971年的一系列礼炮号（俄语意为“健康”）空间模块的发射，其重头戏是米尔（俄语意为“和平”）空间站的组装，这是全球首个永久性的居住型空间平台，正式组装于1986年。再次，在地缘政治的压力驱使下，美国不情不愿地决定，我们也要拥有那样的玩意儿。1984年的国情咨文中，里根总统宣布了急迫的计划，设计并建造自由号空间站，欢迎那些对我们政治友好的国家加入这一计划，共同努力。尽管得到了国会的认可，这一项目的寿命与预算却没能撑过1989年。这年，欧洲和平的格局被打破了，冷战接近了尾声。克林顿总统在1993年前后收拢了资金不足的那部分项目，将其更改为另一个重新构思出来的空间站——国际空间站（还需要一些零件来组装的空间站），并号召曾经的苏联人可共同参加建设。这一战略性举措使任性的俄国核科学家与工程师们找到了更加有趣的工作，而不再是只盯着制造大规模杀伤性武器以毁灭遍布全球的大敌。

在战争之外，国际空间站成为了国家间曾有过的最成功的合作之一。除了俄国，参加国还包括加拿大、日本、巴西，及11个欧洲航天局成员国：比利时、丹麦、法国、德国、意大利、荷兰、挪威、西班牙、瑞典、瑞士及英国。因为某些问题，我们将中国从此项合作中剔除了。但这不足以阻止一个雄心勃勃的国家。事实上，中国诞生了独立的、人员齐备的空间计划，并在2003年将第一个中国太空人杨利伟送上了太空。和美国第一位宇航员一样，杨利伟是正在执飞的现役战斗机驾驶员。中国选择了杨利伟进行载人航天计划，同时还进行了其他的军事活动，如使用中远程弹道导弹这样的动能武器打掉了1颗仍在轨道上却已不再工作的气象卫星。这使美国的一些分析家将中国视作太空中的劲敌。他们认为，中国具有威胁美国进入太空，以及那些已经进入太空中的设施的实力。

我们拒绝了中国加入国际空间站，引起了中国的强力反弹。继而，这股力量又点燃了美国另一次系统化的空间计划竞赛，其终极目标为火星载人航行。如果没有美国在一开始的拒绝，或许不会催生出如此古怪的轮回。

在NASA的历史上，平均5—6年的花销，就相当于今天的1 000亿美元的水平。那些钱花在了NASA最为昂贵的创举（包括水星计划、双子座计划、阿波罗计划、推进器研究、航天器及空间站）上，而驱动这些创举的目的却并非是为了科学、探索、改善地球生命。当科学确实有了进步，探索确实有了发现，地球上的生活确实得到了改善时，人们有权利知道——它们皆是NASA政治任务的附加利益，而非首要目标。

由于无法理解这些简单事实，某些妄想变得永无休止，这些思潮分析着NASA是什么？NASA从哪里来？NASA要去往何方？

在1989年7月20日，阿波罗11号成功着陆月球的20周年，老乔治·布什（George Bush Sr.）总统在国家航空航天博物馆发表了一次演说，借着这个吉祥的纪念日，他宣布了太空探索计划。这次演说不仅重申了对自由号空间站的需求，也号召对月球进行长期驻扎，并展开火星载人航行。这位总统将他的计划比作了哥伦布进行过的那种周游于多个国家的、艰苦卓绝的探险史。他在正确的时间，正确的地点，主张了正确的事。然而，这场激动人心的表演为何没能起效？不妨先分析下其他类似演讲，1962年12月12日，在休斯顿的莱斯大学体育场，在肯尼迪总统身上也发生过。当时，肯尼迪在那里描述了阿波罗计划的宏图，在经济方面，他用政客少见的直率宣称："可以确定的是，这个计划将花费我们全体公民的大量钱财。今年的太空预算是1961年1月的3倍，且将超过之前8年太空预算的总和。"

也许，老布什欠缺肯尼迪式的人格魅力。也许，他欠缺的是其他一些东西。

在布什的演讲后不久，NASA的约翰太空中心主任所领导的小组就递交了一份关于整个计划的费用分析。其结果是，在接下来的20—30年时间，可以预见，国会将会被5 000亿美元的资金缺口掐住脖子。太空探索计划甫一出生，即被宣告了死亡。是经费预算太高？或许不是。前面说过，1 000 亿美元是 NASA 5—6 年的基础预算，那么，30 年花掉 5 000 亿美元并未超出基础预算。

两次现场演说带来了截然相反的结果，这与政治目的、公众情绪、雄辩的说服力、甚至费用问题，皆不相关。肯尼迪总统处于与苏联的冷战时期，而老布什总统的时代没有任何战争的威胁。事实上，处于战争阴影下的人们，花钱就像点爆炸药桶，一发而不可收拾。两者的差异在于战争因素的考虑。

未将战争因素考虑进去的太空狂热者们，仍在狂妄地坚持着——我们只需肯尼迪那样具有冒险精神的远见卓识就能获得成功。他们认为，当这一精神与一定程度的政治力量结合，我们就能抵达火星（即便没有成千也有上百人能工作生活在太空殖民地）。在普林斯顿太空梦想家杰拉德·凯勤·奥尼尔（Gerard K. O’ Neill）的幻想中，2000 年时，这些事情就应当成为现实。

太空保守论者是一群与太空狂热者完全不同的人，他们认定 NASA 仅是浪费纳税人的钱，NASA 各中心所进行的资金分配皆为政治分利。当然，真正的分利，是国会中某些成员完全基于自身私利以获取钱财，且不会对别人产生显著影响。

有个实验值得一做。在夜深人静的时候，偷偷潜入一个 NASA 怀疑论者的家里，把所有与空间创新具有直接或间接联系的技术产品，通通从他的家里及周围搜刮走。随便列举一些产品，比如：微电子设备、全球卫星定位系统（GPS）、防刮蹭镜头、无线电动工具、床垫与枕头中的记忆海绵、耳温计、家用滤水器、充气鞋垫、长途电信设备、可调节烟雾探测器、有安全槽的路面。当你在忙活着扫荡这些东西的时候，别忘了给这位房主那曾做过准分子激光手术的眼睛来个还原术。当房主醒来时，这个怀疑论者就可以在全新的、几乎没有了那些“毫无理性的技术性贫困”的生活中过日子了。崭新的一天从糟糕的视力开始，接着就是没带雨伞出门却又碰上了下雨的尴尬，因为他失去了卫星遥测的天气预报提醒。

在NASA的载人航天任务未能实现推进太空探索前沿的情况下，NASA还有其他4个方面的科学活动能轻松占据美国国内空间类新闻头条：地球科学、太阳物理学、行星科学，以及天体物理学。在高峰时期，NASA曾在这4个方面的活动上给予过预算资金的40%，发生于2005年。而在阿波罗时代，美国每年花费在科学上的经费仅徘徊在百分之十几。NASA诞生的半个世纪间，每年投资在科学上的经费比例，平均下来只有预算的20%。简言之，无论是对NASA，还是对那些给NASA的预算投支持票的国会议员来说，科学都不是优先资助领域。

然而，在所有人讨论NASA的重要性时，"NASA"这一缩写总是和"科学"相去不远。因此，尽管是地缘政治驱使着对宇宙探索进行投资，但对面向公众的宣传，宇宙探索仍被冠以科学之名而进行。这样，本质面目与公众认识的面目不相匹配，产生了两个结果。在公开演讲与文书中，立法者们不自觉地夸大了载人航天任务及相关项目的科学回报。比如，参议员约翰·格伦早早地就为国际空间站的零重力科学研究潜力而欢呼。但作为一个每年30亿美元的投资预算，它真是学术界的选择吗？同时，一旦投入的金钱未得到有效的科学回报，甚至没有回报，正统科学家们就会尖刻地指责NASA。较出名的是粒子物理学家、诺贝尔奖获得者，史蒂芬·温伯格（Steven Weinberg）做过的直率表达。在2007年巴尔的摩空间望远镜研究所的一次科学会议中，他接受Space.com网站的采访时曾说：

> 国际空间站就是一个轨道上的废物……它并未产出什么重要的科学成果。我甚至可以说，从它那里没有产出任何科学成果。我还敢说，不仅是国际空间站，整个载人航天计划这个耗资庞大的东西，也没有产出任何有科学价值的东西。
>
> ……NASA的预算逐年增长，其增长的驱动力来源，在我看来就是总统与NASA的管理层们所执着的那个幼稚执念：想把人类送上太空。它实际上只有很少的科学价值，甚至完全没有。

这儿还有另外一个例子：一段摘录自NASA首席月球科学家唐纳

德·U. 威斯（Donald U. Wise）的辞职信中的话。尽管不像温伯格说得那般尖刻，但它们在本质上具有相似性：

> 我目睹了一系列根本性决议的出台，将优先等级、资助资金及人力资源挪走了，这使宇宙探索能力无法最大化……这些资源被投入到了开发新的大型载人航天系统上。
>
> 在 NASA 决定将科学作为载人航天飞行的一个主要功能、并为之投入足够的人力物力资源之前，任何一个接替我职位的科学家，都只有徒然地虚耗他的光阴。

哀悼 NASA 在科学上花费得太少，就像在象牙塔里谈奢华（象牙塔意指“脱离现实生活的文学家和艺术家的小天地”，作者在这里影射这些批评脱离了实际）。这些抱怨从未提起一个事实，即少了地缘政治的驱动，NASA 科学或许无从谈起。

美国的空间计划，尤其是阿波罗黄金时代以及它对这个国家的梦想所产生的影响，几乎可以在任何场合通过堆砌大量华丽的词藻以进行述说。然而，其中蕴含的深刻信息却经常被忽视、被误导，或被彻底遗忘。总统贝拉克·奥巴马（Barack Obama）在 2009 年 4 月 27 日美国科学院的一场演说中，讲到关于 NASA 在推动美国创新中所扮演的角色时，变得激动而难以自已：

> 艾森豪威尔总统签署了 NASA 创立的法案，定义了对科学与数学进行的投入，覆盖了从小学到研究生的教育。几年之后，1961 年，就在他于国家科学院年度会议上发表演讲的 1 个月之后，肯尼迪总统在两院联席会议上高调地宣布，美国将要送一名人类去往月球，并让他安全地返回地面。
>
> 达成这一目标所需的幕后科学团体团结在了一起，为实现它而整装待发。它所带来的不仅是月球上的那场漫步，它也引领了我们，让我们在对自己家园的理解上实现了巨大跨越。阿波罗计划所

> 催生的技术让肾透析与水净化系统有了进步；更产出了有害气体检测传感器、节能建筑材料、消防员与战士们所使用的防火纤维。广泛地看，在那个时代的巨大投入——投向科学与技术、投向教育与研究基金——产出了巨大的好奇心与创造力，其收益无可计量。

在奥巴马的演讲中最让人震惊的是：他演讲的主旨是就已提起议案的《美国复苏与再投资法案》向科学院进行警示——法案中已有了规定，国家科学基金、能源部所属科学局、国家标准与技术研究所的预算将在接下来的几年中翻一番。理所当然地，NASA的预算也该翻番吧？错了。NASA只得到了一个指令，如何消化掉它那长久以来从未变化过的10亿美元预算。回头看看，宇宙探索却是这位总统演讲中最雄辩的灵魂，这一举动简直是挑战理智、政治，甚至情感，让人无所适从。

2011年1月26日，在他的第二次国情咨文中，奥巴马总统再次将太空竞赛引为了科学与技术革新的催化剂。当初，“斯普特尼克时刻”（这个词是1961年肯尼迪在国会两院联席会议上提出的）让我们登上了月球，让美国在20世纪的视野与领导能力成为了最高标杆。正如奥巴马这位总统公正的叙述，“我们掀起了一波创新的浪潮，它创造出了全新的工业以及数以百万计的新的工作岗位”。结合其他国家在他们自己的未来技术上所做出的巨大投资，以及美国教育系统在国际舞台竞争中的接连失败，奥巴马宣称，此种令人不安的失衡就是这代美国人的“斯普特尼克时刻”。接下来，他提出了2015年的考验：（1）有100万辆电动车行驶在路上；（2）在全美98%的人口中部署下一代高速无线信号。及至2035年要实现：（1）使80%的美国电力成为清洁能源；（2）让80%的美国人能享有高速轨道交通。

所有这些目标都值得称颂。然而今天，这个“斯普特尼克时刻”所结出的果，只剩下这张罗列着未来目标的清单了。一想到这点，太空狂热者们就无比沮丧。这张清单展现了数十年来人们在理念上的转变，从“梦想明日”转变为了“梦想我们早应拥有的技术”。

2003年2月1日，在失去哥伦比亚号航天飞机及其所搭载的7名宇航员后，公众、媒体以及重要的立法者们都要求NASA要有新的视野——NASA应当具有超越近地轨道的视野。我们可以思考一下，1986年发生的挑战者号事故同样有7名宇航员丧生，为何听不到要求NASA更新任务的呼声？在1986年，中国的太空团队还无声无息。2003年10月15日，中国将自己的首位太空人送上了地球轨道，成为了将宇航员送入太空的第三个国家。

仅3个月后，2004年1月15日，布什政府就宣布了全新的太空探索构想。美国再次离开近地轨道的时刻终于到来了。

这一展望是个具有可行性的计划，需要国际空间站完工，并在2010年前将NASA那不堪重负的航天飞机送居二线。有了新近补给的资金，新的发射建筑得以上马施工，这一建筑将把我们带往更为遥远的目的地。而在2004年2月，在这一计划开始实施的时候，我受布什总统委任，前往一个由9名成员组成的美国太空探索政策实施委员会任职。我开始意识到，在NASA及全国的太空政策上，笼罩着一层党派竞争的阴云。在整个政治体系内，对党派的强力拥趸不但遮掩着、扭曲着，甚至蒙蔽着人们对太空的知觉。

布什抨击了一些倾向于将政治思维凌驾于理性思维的民主党人。这些民主党人很快开始反驳起来，他们声称国家无法负担起这一计划，他们无视了我们委员会已明确无误地出台了受控的成本核算。其他民主党人继续反驳着，这一太空目标在其执行方面尚有细节的缺失，他们无视了相关的支撑材料可以从白宫及NASA那里毫无阻碍地获取。事实上，布什总统还在NASA的华盛顿总部发表了一次与计划相关的重要演说。为了让西海岸知晓，布什委托切尼（Cheney）副总统在NASA位于加州帕萨迪纳市的推进实验室发表演说，同日，布什在东海岸发表演说。（与之相较，肯尼迪总统于1961年5月25日在国会的两院联席会议上发表的演说，其内容中关于月球计划资助的急迫性仅有两段话。）民主党人非常不满，他们批评2000年那场有争议的选举，为布什的登基感到不满，并讽刺道，“我们应该把布什送到火星上去。”

总之，这些批评不仅具有蒙蔽性，还产生了党派偏见，这是我接触太空政治这些年来从未遇到过的。不过，我可以非常高兴地告诉大家，在这些如条件反射般的事件之后，2004 年太空探索构想最终还是获得了两党的强烈支持。

贝拉克·奥巴马自 2009 年上任以来，极端共和党人对他的讥讽甚至超过了极端民主党人。2010 年 4 月 15 日，奥巴马在佛罗里达的肯尼迪航天中心发表了一次关于太空政策的演说，我正好参加了。不提奥巴马那肯尼迪式的气场与无可辩驳的口才，客观地说，他为美国未来的空间探索散布了有力的、充满希望的讯息——这一展望将引领我们走向多个近地轨道以外的目标，包括小行星带。他重申了航天飞机在近一两年内退休的必要性，描绘了火星这一太阳系内的诱人目标。奥巴马总统甚至还提出，我们既然早就登上过月球，为何还要重复一次？好马不吃回头草。有了更先进的发射设备——超越之前的火箭技术——我们可以在 21 世纪 30 年代越过月球，直抵火星（奥巴马期望，到那时，80% 的美国人会抛弃汽车与飞机，采用高速轨道交通出行）。

在现场，我感受到了房间里的气场。更重要的是，奥巴马对 NASA 及 NASA 在美国精神塑造中所扮演的角色充满狂热，让我产生了共鸣。为了扩大这次演讲的影响力，支持奥巴马的媒体在头条新闻上刊登了“奥巴马将目光投向火星”这样的标题。然而，讨厌奥巴马的媒体却宣称：“奥巴马终结了空间计划”。

众多抗议者于当天就围在了肯尼迪航天中心外围的堤道上，挥舞着标语，标语上的内容为要求总统先生不要毁掉 NASA。在接下来的数周内，许多人（包括一流的宇航员）都感到了站队的压力。两位登月者尖锐地批评了奥巴马，称他在未获得国会通过前就擅自取消了重返月球的计划。阿波罗 11 号的尼尔·阿姆斯特朗和阿波罗 17 号的尤金·赛尔南（Eugene Cernan）（第一个与最后一个踏上月球的人）旗帜鲜明地指出了自己的观点。另一方面，尼尔·阿姆斯特朗的指挥舱搭档巴兹·奥尔德林（Buzz Aldrin）却坚定地支持奥巴马的计划，并陪着总统先生搭乘“空军一号”前往了佛罗里达。

也许，那天上午，奥巴马在肯尼迪航天中心进行了两次演讲，而我只听到了其中一场；也许，那个会场中的其他人（也可能包括我自己）

当时正经受着选择性失聪的煎熬。

事实上，总统先生在那天的确不止一次演讲。更确切地说，他前后一致的演讲，在不同的会场不同的人身上产生了不同的效果。作为一个有远见的学者，我关注了奥巴马对 NASA 未来 30 年的展望，且为之欢呼。但对那些希望能持续不间断地采用本国的发射基地、本国可控制的宇航员造访太空的人来说，我们在造访太空这一过程上的任何中断他们都无法容忍。值得铭记的是，在哥伦比亚号悲剧之后，航天飞机曾在一段时期内停止了发射，当时的俄国人很乐意用他们的联盟号宇宙飞船“搭乘”我们的宇航员往返于国际空间站。因此，我们用自己的宇宙飞船驶入地球轨道才是我们的骄傲。顺便提一句，自 2004 年布什总统首次提议逐步淘汰飞船以来，就几乎没走过回头路。奥巴马总统也仅是沿着布什的计划走了下去而已。

从表象上看，奥巴马演讲后出现的截然不同的反响也许并非完全是党派间的争斗，它们也许仅代表了不同的观点。然而，事实情况是，不同政党的观点与态度有着天壤之别，故而 NASA 的任何新预算在得到国会批准并通过之前都需要橄榄枝与妥协。我受邀给立法者提交了一封信件，重申了 NASA 在美国与美国未来问题上的价值，说明了 NASA 正急迫地寻求一条捷径以走出困境，这封信成为了那条橄榄枝上的一叶。一位寻求两党和解的国会议员曾试着改变总统的提案，以及提案中提及的 NASA 经济预算，期望以这种方式从根本上消除共和党人所引发的不合作。他们力图加速大型发射基地的建设，使其能在继阿波罗时代的土星 5 号运载火箭之后，执行近地轨道之外的载人航天任务。这是一项具有迷惑性的简单折中，即在美国航天飞机发射时代之后、新的发射时代来临之前，弥合两个时代间的空白。它能达到一个调和目的：奥巴马原计划中本需要削减的那些与航空航天相关的稳定工作岗位，或将得以保留。

工作岗位，是最重要的事吗？我曾思考，矛盾点或许在于可持续的太空探索文化与短命的载人航天计划之间的冲突，这也是那些反奥巴马言论的人们的剑之所指。再者，工作岗位问题为何不直接提出？换我为例，如果我的工作与航天飞机的某岗位相关（假如我与 NASA 签约的是与发射相关的周边工作），在航天飞机落伍之后新的近地轨道发射工作起始之前，我将承受的结果是——失业。美国载人航天的停滞期将无法预知，这意味着许多事情出现了不确定性。

航天飞机计划是NASA业务中的主要部分之一。此外，NASA的工业伙伴遍及全美，失业的涟漪或许能漫过佛罗里达航天中心的海岸堤道，播散至更远的地方。奥巴马总统在演讲中提到，对那些正工作在即将消失的岗位上的人员，政府会为他们提供新的工作技能培训并给予一定的资助。他还提到，虽然他的计划确实会精简一些工作岗位，但相比其前任的太空探索构想精简掉的工作岗位来说，微不足道。他试图通过声明使大家积极起来，"就反对言论中提及的观点，我做如下回答：与之前管理机构的削减岗位计划相比，我的计划会在接下来的两年中，为航天中心的海岸地区少削减2 500个工作岗位"。

他的话立即收获了掌声。我想，如果奥巴马的声明在数字上不改变，但以更直白的方式表现，会议室里会出现何种反应？比如："布什的计划会毁掉10 000份工作，而我的计划只会毁掉7 500份。"

尽管大家在鼓掌，但就技术员阶层来说，奥巴马发布的信息仍然难以让他们平静。他们用了几十年的职业生涯锻造技艺，将宇宙飞船送入轨道，他们有着丰富的工作经验。在奥巴马发表肯尼迪航天中心演讲前就一直反对他的人，现在有了更多的理由将其打上恶棍的标签——"1962年，地球上有两个航天大国。2012年，地球上仍有两个航天大国，但美国却不再是其中之一。"

今天回想起来，在抗议奥巴马的檄文中凸显出一个明显的情况，鲜于直接提及工作问题：尤其是民主党人，他们不愿将NASA视为为政府工作的人员。事实上，这并非政治家的观点，喜剧演员旺达·斯凯斯（Wanda Sykes）就曾表达过直率且尖锐的态度。在她2004年出版的《我就说嘛》一书中，有满满两页内容蔑视NASA的功绩。在涉及工作岗位的话题上，她说："NASA是给那些聪明的呆子们提供的价值10亿美元的福利项目。否则，他们去哪儿工作？他们太聪明了，聪明得做不了别的任何事情。"

在那些反对奥巴马太空展望的理由中，有个理由分量十足，它的影响意义远超工作岗位的削减——在民主选举制的环境下总统任期是有限的，若总统立誓完成目标的时限远超其任期，其目标的完成将无法得到保障。事实上，在他的任期内，他几乎不能保证自己目标的达成。

1961 年，当肯尼迪宣布他要在这个 10 年结束之前将首个人类送到月球上时，他就明白这点。理论上，通过连任他能获得 10 年的总统任期，如果他能活得更久一点，他能干到 1969 年 1 月 19 日。如果没有阿波罗 1 号发射台着火事件并致 3 名宇航员死亡，造成项目的延迟，他或许能在自己的任期内实现自己的计划目标。

假想，如果肯尼迪当时提出的目标不是 10 年，而是直至这个世纪结束之前。如果是一份这样的声明，我们今天是否能离开地球也许尚是未知。简单地说，总统承诺的目标超出自己的任期，在本质上是不负责的——当前目标的完成已不在他的预算之内，成为了下任总统的承继问题。它成为了一只很容易被扔掉的皮球、一项非常容易被抛弃的计划、一个轻轻松松就能被推迟的梦想。所以，尽管奥巴马那华丽的太空演讲明智且富有远见，但从经验而言，它在政治上是一场灾难。在他的任期内，唯一可以保证实现的是，中断美国对太空的造访。

在过去的几十年间，NASA 似乎每隔几年就会接到一个“新方向”的指示。其核心原因是选民存在众多不同派系，他们都认为只有自己才明白什么是 NASA 的正确方向。因此，他们用 NASA 的未来作赌注以相互斗争。这些斗争给 NASA 带来的唯一好处是，没人有功夫争论 NASA 是否应该存在。这些斗争时刻提醒着人们：我们才是庄家，赌注是 NASA 那迷茫的未来。

总的来说，我思考了 NASA 对美国的意义，及宇宙探索对人类种族的意义。尽管在科学上，去往太空的道路很直接，但技术上却充满了挑战。此外，大多数情况下，政治还掺进了难缠的一脚。当然，这并非不能解决。但要实现它们，我们必须抛掉幻想，使用那些能把宇宙探索与科学素养、国家安全及经济远景联系起来的工具。通过这样的武装，我们才能点燃这个国度参与国际竞争的权利需求，同时激扬起探索人类未知事物的永恒渴望。

Part Ⅰ WHY

第一部分　为什么

1　虚空之魅

千年以来，人们不停地仰望星空，思索着我们在宇宙中的位置。但在17世纪以前，对探索宇宙一直未能形成任何形式的严肃思考。1641年，一本图书的出版发行引发了人们的思考——《关于一个新世界和另一颗行星的讨论》。这位英国的神职人员兼科学爱好者约翰·威尔金斯（John Wilkins）大胆地猜测，什么样的东西能帮助我们宇宙航行：

> 我肯定且理由充分地认为，建造一辆飞行战车具有可行性。这辆战车的空间可容纳1个人，且在被施加足够的动力后能将人载入空中。也许这个战车还能再做大点，能同时容纳好几个人……我们会看见巨大的飞船如软木塞一样在空中漂浮；也许能看见雄鹰如小虫豸一般在空中飞翔……尽管乍看上去这不太现实，但在事实上它们仍然具有较大的可能性；也许会有某种方法被人类发明出来，使得去往月球的旅行成为现实。当人们的这一尝试首次建功时，人们会有多开心啊!

331年后，人类终于脚踏实地地站到了月球上，用一辆名叫阿波罗11号的战车着陆。而这，只是一项空前的科技投资中的一个局部，这项投资由一个相对年轻的国家主导，这个国家的名字叫美利坚合众国。那项事业为我们带来了半个世纪的空前富裕与繁荣，而我们今天却把它当作理所当然的事。现在，随着我们对科学兴趣的衰减，我们在各种技术水平上即将要落后于工业世界的其他成员。

最近几十年，美国的绝大多数科学与工程学研究生均来自国外。这种状况可回溯到20世纪90年代。这些人来到美国攻读学位，然后他们中的大多数人都高兴地留了下来，受雇于我们的高科技行业。不幸的是，随着他们祖国经济的复苏，来自印度、中国及东欧地区的很多研究生选择了回国。

这不能算是人才外流，将其称为人才回归或许更恰当。我们在20世纪对科学与技术的投资让我们拥有了最顶尖的视野，这些年来，这一视野却在那些不请自来的人才队伍的掩盖下缓慢地衰退。在这波回归潮之后，我们会慢慢失去培养这些人才的上一辈人才，随之而来的将是一场灾难。就推动经济增长而言，科学与技术是这个世界经过见证的最有力的引擎。如不能重新在美国本土点燃面向这些领域的兴趣，美国人将在自己习惯的舒适的生活方式中很快消亡。

在2002年访华之前，我印象中的北京，应是宽阔的林荫道上挤满了自行车，因为它们应该是当地的主要交通工具。然而，我所看到的，却与我想象的有天壤之别。当然，林荫道还是我想象中的样子，但密布其上的却是高端豪车，建筑用的塔吊车正修建着拔地而起的高楼，于我视线所及之处，编织着新的天际线。中国已建成了长江三峡大坝，这是世界上最大的工程项目——其发电能力超出了胡佛大坝20多倍。这个国家还建成了世界上最大的机场，并在2010年超越日本成为了世界第二大经济实体。二氧化碳排放上，位居世界首位。

2003年10月，中国将首名太空人送上了轨道，成为了世界上第三个航天国（前两个分别是美国和俄罗斯）。他们的下一个目标：月球。这些雄心壮志不仅需要金钱，还需要有足够聪明的人才去寻找办法，以将这些目标变为现实。同时，还需要有远见卓识的领袖给予指挥。

在中国，人口正向15亿大关迈进。如果你有幸成为100万人中最聪明的那个，那么在中国，你能找出1 500个和你同样聪明的伙伴。

同时，欧洲与印度正在宇航平台的机器人科学上加倍努力，而在世界范围内，还有其他十几个国家对宇宙探索表现出了越来越大的兴趣，其中包括以色列、伊朗、巴西及尼日利亚。中国正在赤道以北19度的地方建设一个新的空间发射基地。从地理位置上看，这个基地比美国的卡纳维拉尔角（Cape Canaveral）发射基地更佳。这些国家，是向往太空的新贵。他们对宇宙空间这个蛋糕无比渴望。而当下的美国，与我们的自我认同恰好相反，我们不再是领袖，即将落为队员。我们在逆水行舟中原地踏步，不进则退。

太空推特1号@泰森（推特，即类微博的自媒体）

地球表面海拔10万米处，是国际航空联合协会定义的太空的起点。

2011年1月23日上午9：47

但我们仍然还有希望。通过对一个国家文化构成元素的观察，你能深入地了解这个国家。你知道过去10年中全世界最受欢迎的博物馆是哪所吗？不是纽约的大都会艺术博物馆，不是佛罗伦萨的乌菲齐美术馆，不是巴黎的卢浮宫，而是年均约有900万访客的美国国家航空航天博物馆。这所位于华盛顿特区的博物馆中收藏着“历史久远的莱特兄弟1903年发明的飞机原型”“历史较近的阿波罗11号登月舱”，以及许多别的东西。国际访客们渴望看到博物馆收藏的航空航天器，因为它们是美国对世界的馈赠。更重要的是，国家航空航天博物馆代表了人类对梦想的渴求，以及人类去实现这一渴求的意愿。它们是人类之所以成为人类的基本属性。

一些其他国家，如果他们的文化没有这样的抱负，人们就会觉得希望是渺茫的。由于政治、经济与地理的综合因素，也许部分人所关注的东西还未达到我说的高度，只剩下了对遮风避雨、果腹充饥的担忧。这是一种耻辱，甚至是一场悲剧，因为他们看不到未来！技术与明智的领袖合体，不仅能解决这些问题，更能筑就未来之梦。

一代又一代的美国人都在翘首期盼着，生活中有更新的、更美好的事儿出现——能让生命变得更有趣的事儿，能让生活变得更有价值的事儿。探索，可以自然地实现这一目标。我们需要做的是，直面探索。

如今，最伟大的探索家甚至不再是人类。比如：哈勃太空望远镜，它在20年内为地球人打开了通往宇宙的震撼之窗。然而，事情并非一帆风顺。1990年，哈勃望远镜被发射进太空时，一个光学组件上的设计缺陷造成了无可救药的图像模糊，这让人们感到沮丧。3年后，被修正的光学组件得到安装，我们终于有了今天能看到的清晰锐利的图像。

但在图像模糊的那3年，我们该做什么？那可是最昂贵的望远镜。人们可不愿什么事都不做。所以，我们保留下了数据，期待着这些数据能为我们提供一些有用的科学信息。巴尔的摩（Baltimore）空间望远镜研究所是哈勃的研究总部。这里的狂热天体物理学家们不会干坐着，他们编写了高级的图像处理软件程序组，来辅助处理望远镜呈现出来的图像，从一片密集的、未聚焦的区域中辨识并分离星星。在规划维修任务的那段时间里，这些新技术使一些科学项目得以接续完成。

鉴于哈勃的科学家们的合作成果，华盛顿特区乔治城大学伦巴狄综合癌症中心的医学研究人员意识到，医生们用视线搜寻乳房X光照片中的肿瘤时遇到的困难，与当时天体物理学家们所面临的问题极为相似。在美国国家科学基金会的帮助下，医学会吸纳了物理学家们的新技术，以辅助乳腺癌的早期发现。这意味着，托哈勃太空望远镜上一个瑕疵的福，由它激发的灵感让今天的无数女人幸存了下来。

尽管你无法预料这样的结局，但它们却时有发生，学科间的交叉碰撞总能带来创新与发现。但没有哪样成就可以与太空探索相比，太空探索的成就来源于天体物理学家、生物学家、化学家、工程师、行星地质学家所共同组成的队伍。正是他们的共同努力，使我们所认可的现代社会的要素得到了提高与加强。

多少次，我们曾听到过这样的话——“为什么我们解决地面上的问题，却要在太空上花费数以十亿计的美元?”显然，地球上许多国家的人为此可以给出无数答案，可我们还得继续问着这个永远不能回答的问题。让我们用一种启发式的方式再问一次：“大家今天所交的税款，花费在太空望远镜、行星探测器、火星漫步者号、国际空间站、太空飞船、尚未入轨的望远镜，以及尚未执行的飞行任务等项目上的开销占到了总开销的多少比例。”答案：0.5美分∶1美元。我希望它或许能占得更多一些——2美分∶1美元。即使在历史上最著名的阿波罗时代，NASA花费的巅峰占比也仅为4美分∶1美元。在那一水平上，宇宙探索构想能以冲刺的速度向前推进；在这一资助水平时，我们能继续在那曾经充当先锋的领域中达到杰出的地位。然而现在，这一展望却在蹒跚前行，得到的资助仅够我们参加这场游戏，却不足以支撑我们去引领这场游戏。

由于每1美元税收中的99美分都优先资助了我们国家的其他项目，太空计划陷入困境。在世界上的其他国家看来，美国前期于航空航天上的投资为美国的文化注入了探索精神，可我们自己却在渐渐遗忘。事实上，我们是一个足够富裕的国家，我们可以在自己的明天去拥抱这一投资，驱动我们的梦想。

2　系外红尘

从一个地方去往另一个地方，无论爬行、奔跑、游泳、步行，你都能近距离地欣赏沿途那无穷尽的风景。也许，你能看见峡谷壁上那粉红石灰岩中的脉络；也许，你能发现玫瑰花茎上那只正享用蚜虫的瓢虫；也许，你能看见一只正喷吐砂砾的蛤蚌。在这个过程中，你需要做的只是观察。

然而，当你乘坐喷气式飞机越过某片大陆时，那些地表上的细节瞬间消失隐没了——没了蚜虫这道开胃菜，也没了蛤蚌。当我们升至巡航高度，即大约7英里（11.26千米）高时，辨识交通干道也开始变得艰难。

如果继续向太空升去，地表上的细节还会继续消散。在白天，你可以找到伦敦（London）、洛杉矶（Los Angeles）、纽约或者巴黎，因为你在地理课上曾学到过这些城市坐落的位置。在夜晚，它们原本明亮的灯光却变为了小小的光斑。在白天，你极可能难以用裸眼观察到吉萨（Giza）的金字塔群，你或许无法看到中国的万里长城——这些建筑使用的材料多为周边环境中随处可见的泥土与石头，这或许是使它们不那么显眼的原因之一。此外，虽然万里长城有万里长，但它却只有20英尺（6米）左右的宽度——这明显窄于美国的州际高速公路。从洲际飞机上看美国的高速公路也仅是勉强。

太空推特2号@泰森

如果将地球比作一个立体的球状的教室。那么，宇宙飞船和空间站则在这个球的表面上方的轨道环绕飞行，其距离球状教室表面的距离等于该教室直径的3/8。

2010 年 8 月 19 日上午 5：53

事实上，如果在地球轨道上观察，除了 1991 年的第一次海湾战争中所引发的科威特油田大火的烟羽，除了不毛之地与沃野田原间那狭长的绿色与棕色的界线之外，依靠裸眼将无法看见其他的任何人造物。然而，许多自然景观尚能依稀辨识：墨西哥湾的飓风、北大西洋的冰川，以及在任何地方爆发的火山。

从距地球 25 万英里（40 万千米）远的月球上观察地球，纽约、巴黎及地球上其他都市的光芒，将显示为完全黑暗（除非你在观察之前先建造一个大型的望远镜）。但月球仍具有视角优势，在这里，你可以看到地球上主要的锋面过境运动。相比之下，距地球 3 500 万英里（5 632 万千米）远的火星的最大近地点，即便通过大型的个人天文望远镜也仅能看到顶部覆盖着皑皑白雪的大型山脉，以及地球的大陆边缘。如果我们继续将距离放远至距地球 27 亿英里（45.5 亿千米）（在宇宙尺度上这仅是一个街区的距离）的天王星，地球将变为一颗暗淡的小斑点且掩盖在太阳的光辉之下。

1990 年旅行者 1 号宇宙飞船在太阳系边缘拍摄了一张著名的照片，它显示了地球在深空的背景下是多么的渺小——一个“灰蓝色的小点”，美国宇航员卡尔·萨根（Carl Sagan）如此称呼它。这已经很大方了。因为如果没有图像捕捉技术辅助，你或许根本无法发现这个小点。

假如在遥远的星空中存在一些大脑袋的外星人，他们正用自己那天赋异禀的视觉器官以及黑科技的光学辅助系统扫描星空，会出现什么样的情况？他们会从地球上侦察到哪些可视特征呢？

蓝色将是他们收到的首个信息，且是最宏大的信息。水覆盖了地球表面 2/3 以上的面积，仅太平洋就占据了这颗星球的一整面。任何拥有足够器材的外星生物，在探测我们星球颜色时都会提及水的存在，水本身也是宇宙间丰度排行第三的分子。

如果外星人的器材能达到足够高的分辨率，他们将看到错综复杂的海岸线，这一现象强烈地提示着水以液态形式存在。聪明的外星人应当知道，如果一颗星球存在液态水，这一星球的温度与大气压会处于一个适宜生物生存的范围之内。

地球两极有独一无二的冰帽，它们随着季节温度的变化而兴衰，这一现象也可以通过光学系统观察到。此外，我们星球的 24 小时自转也是可以观察到的，因为可供辨识的大陆轮廓会以可预测的时间间隔旋转进入视野。外星人还可以观察到地球主要的气候系统轮回；通过仔细研究，他们可以轻易地分辨出与地表特征相关联的大气云层特征。

是时候对真相做一些说明了：在 10 光年距离之内，有着离我们最近的系外行星——那颗行星围绕着另一颗恒星（太阳之外的另一恒星）公转。除了这颗系外行星，大多数其他系外行星的位置都与我们有 100 光年以上的距离。地球的光芒不及太阳的十亿分之一，地球与太阳间的距离较大，这给所有远距离观察地球的生物带来了麻烦——他们极难用光学望远镜直接观察到地球。因此，如果外星人发现了我们，那极可能是他们搜索了可见光以外的波段——或者，他们的工程师采用了某些别的方法。

也许，他们与我们的星球探索者做着相同的事情：监控恒星、观测恒星是否会以规则的间隔发生抖动。恒星的抖动会暴露出环绕着它旋转的行星，因为行星实在太过暗淡，无法进行直接观察。行星与主恒星均围绕着它们的共同重心旋转。行星的质量越大，其主恒星围绕重心旋转的轨道也越大。通过恒星光芒的分析，能容易地测量其抖动。对外星球的行星探索者而言，存在一个不太幸运的小麻烦——地球太小，它令太阳挪动的幅度极低且难以观测。这给外星工程师提出了挑战。

他们会使用射频电波吗？或许，窃听我们的外星人也有着像波多黎各（Puerto Rico）阿雷西博天文台那样的玩意儿。阿雷西博天文台拥有地球上最大的单碟射电望远镜——在 1997 年那部改编自卡尔·萨根小说的电影《接触》里，在电影开头的外景中就有这些望远镜的身影。如果外星人确实掌握了这项技术，且调制到了正确的频率，他们能轻松地注意到地球，地球是星空中最嘈杂的射频电波源之一。看看我们拥有的那些会产生无线电波的东西吧：收音机、广播电视、手机、微波炉、车库遥控开关、汽车遥控钥匙、商业雷达、军用雷达，以及通讯卫星。我们在不断地闪耀着光芒——这一引人入胜的证据显示，地球上发生了许多不同寻常的事情，因为在自然状态下小型岩石行星几乎不能释放射频电波。

因此，如果外星窃听者把他们建设的射电望远镜对准我们的方向，他们或许会意识到我们的星球也同样掌握了科技。不过，这中间还有一个难题：对于这些射频电波的存在，仍有其他原因可作解释。也许，外星人还无法将地球的信号与太阳系中其他大型行星的信号区分开来，这些大行星也是释放射频电波的大佬。也许，他们会认为我们是一类新型的、古怪的、射电频繁的行星。也许，他们无法区分地球和太阳释放的电波，迫使其总结出太阳是一类新的、射电活动频繁的恒星。

在地球上，英国剑桥大学的天体物理学家们在 1967 年时也在类似的困境中艰难前行。当使用射电望远镜测量天空中所有强射频电波源时，安东尼·休伊什（Anthony Hewish）与他的团队发现了一些匪夷所思的事情：某个物体以稍大于 1 秒的间隔反复地发射着脉冲。休伊什当时指导的一名研究生，乔斯林·贝尔（Jocelyn Bell）首先注意到了这一状况。

很快，贝尔的同事确认了，这一脉冲来自遥远的星空。将这一信号判断为技术性来源（即另一个文明向宇宙发射其活动的证据）是无可辩驳的。如贝尔的讲述，“我们无证据表明，它是自然发射的射频信号……我到这个学校来，是想拿到新技术的博士学位。恰好有一帮傻傻的小绿人，他们选择了我的天线、我的频率，与我们进行通讯。”几天之后，贝尔在银河系内的其他地方也发现了同样重复的信号。贝尔团队意识到，他们发现了一类新的宇宙天体（发射脉冲射频电波的恒星）。贝尔团队聪明地且合情合理地将其称为脉冲星。

其实，截取无线电波并非唯一的监控方法，天体化学也是手段之一。在今天的天体物理学中，行星大气化学分析已经成为一个活跃的领域。天体化学的基础是光谱学——即把光线通过分光光度计进行分析，这种仪器会将光打散，像形成彩虹那样将光线打散为其组成成分。利用光谱学家的工具与策略，天体化学家能推测系外行星上是否有生命存在，不管那种生命是否拥有了知觉、智慧或技术。

这一技术的实现基础基于一种自然现象：每种元素、每个分子（无论它存在于宇宙何处）都会以独特的方式吸收、发射、反射或散射光线。当光线通过分光光度计，你能得到这一光线的特征谱，我们习惯将其称为化学指纹。观察到的最多的指纹，就是那些被环境所施加的压力与温度激发到最大程度的化学物。行星的大气层中充斥着化学指纹的特征。如果一颗行星有丰饶的植被与动物，它的大气就会弥漫着生物标志物，即生命的光谱学证据。无论是生物源性的（来源于任一生命或所有生命形式）、智慧活动源性的（来源于广泛分布的智慧生命），还是技术性的（仅来源于技术），这些肆意存在的证据都很难被掩盖。

除非与生俱来就拥有如分光光度计般的传感器，否则，那些正窃听着的外星人仍需制造出分光光度计以读取我们的指纹。不过，首要条件是，地球要亮过其主恒星（或者其他光源），使得自地球出发的光线可以穿透我们的大气层，进而抵达外星人的视野。如果那样的情况发生了，地球大气中的化学物与光线相互作用而产生的光谱，将使得全宇宙都可以观察到地球的标志。

一些分子（氨、二氧化碳、水）在茫茫宇宙中无处不在，它们的存在与否并不依赖于生命是否存在。但还有其他一些分子，仅在生命存在的情况下出现。地球大气的生物标志中，就有来源于小型喷雾罐的臭氧破坏物氯氟烃、芳烃油的蒸气、冰箱与空调中逸散的制冷剂，以及石化燃料燃烧所产生的烟雾。这是证明地球存在智慧生命的有力证据。另一个能轻易探测到的生物标志是，地球上大量且浓度稳定的甲烷分子。地球上50%的甲烷来源于与人类相关的活动，如：燃油生产、水稻耕种、污水排放，以及驯养的家畜打嗝。

如果在我们自转到背对太阳的时候，外星人跟踪了我们的夜晚，他们也许会注意到喷薄而出的钠元素，这些元素来源于黄昏时被点亮的钠蒸气路灯。然而，泄密程度最高的是我们的气态氧，它占据了我们大气的1/5。

氧是宇宙间丰度排行第三的元素，仅次于氢和氦。氧的化学性质活泼，可以很容易地与氢、碳、氮、硅、硫、铁等原子形成化学键。因此，一定存在某种东西在快速地释放氧，以使它能以一种稳定的形式存在，使其消耗与生产处于平衡。在地球上，氧的释放可以追踪到生命身上。植物以及许多细菌发生光合作用，在海洋和大气中产生了自由态的氧。反之，自由态的氧使那些依赖氧代谢的生命（包括我们及动物王国中的所有生物）得以存在。

对地球人而言，我们早已明白地球那独特的化学指纹。但对遥远的外星人而言，当他们偶然发现我们后，他们还需要去解释他们的发现并检验他们的假设。周期性出现的钠元素就一定是技术性的吗？自由状态的氧气是确凿无疑的生物源性的。甲烷呢？在化学上它依然不稳定。某些情况下，甲烷确实为智慧活动产生，但甲烷也可来源于细菌、牛、永久冻土、土壤、白蚁、沼泽，以及别的生命或非生命的东西。事实上，此时我们的宇宙生物学家们也正陷入激烈的争论，他们想弄清火星上的痕量甲烷、土星卫星提坦上丰富的甲烷的确切来源，那些地方显然没有牛或者白蚁。

如果外星人能通过地球上的化学特征确定生命的存在，或许他们会进一步思考，这些生命是否有了智慧？假设外星人之间能相互交流，他们也许会推测其他智慧生命形式是否也能交流。也许那就是他们下定决心，用射电望远镜监听地球的时刻。他们用射电望远镜观察这颗星球上的土著们，看这些土著已掌握了哪些电磁波谱。因此，无论外星人是用化学方式还是无线电波方式，他们都会得出相同的结论：一个有拥高级技术的星球一定有智慧形式的生命居住，他们或许正忙着探索宇宙的运转规律，探索如何利用宇宙法则。

截至此书出版，我的那些搜寻行星的同事们已发现了累计超过500颗系外行星了。而在那些行星的所在地，或许还存在更多的未知行星。毕竟，我们在已知的宇宙中已发现了数以千亿计的星系，每个星系都有数以千亿计的恒星。

我们不断地搜寻系外行星上是否存在生命。一些系外行星的外表与地球类似——并非所有细节，而是大体特征。我们努力搜寻着适合我们后代某天能造访的行星，无论是主动还是被迫造访。截至今天，几乎所有被行星搜寻专员们探测到的系外行星均远大于地球。大多数至少有木星那般大，质量超过了地球的300倍。不过，随着天体物理学家们设计的硬件越来越先进，我们将能检测到越来越小的主恒星抖动，或许我们能探测到更小行星的能力将得以增加。

尽管我们已记录到了500多颗行星，地球人对行星的探索仍非常原始，一些最基本的问题仍然困扰我们：那是一颗行星吗？它的质量有多大？它绕自己的主恒星公转时长是多少？没人确切地知道那些系外行星的构成组分。

无论是对诗人还是对科学家而言，对化学属性的大致测量已无法满足他们的想象。只有将表面细节捕获成像之后，我们的思维才会将系外行星转变为“世界”。这些球体不能仅以全家福中那一点一点的像素形式来宣告其存在，作为杂志读者也不能须靠文字注释方能找到照片中存在的某颗行星。我们必须做更多的事情。

只有当我们能做得更好的时候，我们的视角才能抵达那颗遥远行星所在星系的边缘，并以科学的方式观测那颗行星。甚至我们能从那颗行星本体的表面去观测它。那颗行星会是一幅怎样的景象，如何呈现在我们的脑海。要实现这些，我们需要在宇宙空间部署具有巨大光线收集能力的望远镜。

今天，我们还未达到那样的水平，也许外星人已达到了。

3　外星生命

20 世纪 80 年代晚期至 90 年代早期，首批系外行星（非太阳系里的行星）被我们发现。6—7 颗系外行星的发现得到确认后，激起了大众的广泛兴趣。探索到系外行星这一事实并不是公众感兴趣的根本，大家更加关注的是这些行星上是否存在智慧生命。每一次，紧随科学家们的探索之后，都会掀起一波媒体狂热。在某种程度上，这些媒体狂热均超出了探索本身应当具有的意义。

原因在哪儿？我们早已熟知太阳系存在 8 颗行星，那么，宇宙中存在其他行星则并不会给人带来惊奇。首批新发现的行星均为超大的、类木星的巨型气态行星。这意味着它们没有适宜的表面为我们已知的生命提供存活的可能性。即便这些行星充斥着可飘浮的外星生命，其不具有智慧的概率，也大得如天文数字一般。

通常情况下，对科学家（或任何人）来说，将一个事例的情况外推到别的所有事例上并不靠谱。就目前而言，地球上存在的生命是我们在宇宙间唯一已知的生命。不过，我们有令人难以反驳的理由让自己认为，我们并不孤独。事实上，大多数天体物理学家认同别处存在生命的可能。得出这个推论非常简单：打个比方，宇宙间存在的行星数量远超有史以来在地球上生存过的人类所发出的全部音节、讲述过的全部单词的总数；宣称地球是宇宙间唯一存在生命的星球，显然是无可救药的自大狂。

数代以来的思想者们，包括宗教的与科学的，都被人类中心学说与纯粹的蒙昧带歪了路。在缺少教理与数据的情况下，我们仍需坚持一个念头：我们并非独特，以这个观点来指引方向或许会更安全。这就是通常所说的哥白尼原则。尼古拉斯·哥白尼（Nicolaus Copernicus）是 16

世纪中期的波兰天文学家，他将太阳放回了太阳系的中心，放回了它的正确位置。尽管在公元前300多年时，就有人描述了日心说宇宙［由希腊哲学家阿里斯塔克斯（Aristarchus）提出］，但地心说宇宙观点却在上溯2 000年的时光中甚为流行且统治时间最长。在西方，它因亚里士多德（Aristotle）与托勒密（Ptolemy）的学说，以及罗马天主教的教义而上升为了法典。在法典中，地球是所有运动的中心，这毋庸置疑。

哥白尼原则并不能永久保证能在将来的所有科学探索中均为我们提供正确指引。就我们今天的发现，地球并非太阳系的中心，太阳系也并非银河系的中心，银河系更非宇宙的中心。在这一系列微不足道的发现中，哥白尼原则已实现了自我证明。一些人认为，边缘或许是个特别的地方。如果你是他们其中一员，我会告诉你，我们从未位于任何事物的边缘。

作为哥白尼原则时代的一员，如果你认同地球上的生命并不超脱于哥白尼原则之外，你是明智的。现在我们思考一个问题，地球生命的外观与化学信息如何为宇宙中其他地方的生命提供线索？

我不知道那些每天奔走的生物学家是否会对生命的多样性产生敬畏。但我确定，我会。在我们的星球，同时存在着藻类、甲虫、海绵、水母、蛇、秃鹫，还有巨型红杉等数不清的生命形式。在你的脑海中，可以将这7种生物按个头大小排序。如果不是事先知道，你很难想象它们是来自于同一宇宙，更别说来自于同一星球。强调一句：你可以尝试向某位从未见过蛇的人描述蛇："相信我！地球上有这种动物：（1）它能用红外线探测器追踪猎物；（2）它能囫囵吞下比它头部大好几倍的活物；（3）它没有手脚也没有其他任何附属肢体；（4）它能在地面上以每秒2英尺（60.96厘米）的速度蜿蜒前行！"

在几乎每部好莱坞的宇宙类电影里，都充斥着人类与外星生命会面的场景，这个外星生命也许来自火星，也许来自遥远星河的某颗不知名行星。在这些电影中，天体物理学家充当着解说员，解答人们真正关注的问题：我们是否孤独地存在于宇宙。在长途航班上，如果我的邻座发现我是天体物理学家，10次提问中会有9次问我宇宙中是否存在其他生命。我不知道是否还有别的职业，能给他们带来这样恒定的反应。

考虑到地球生命的多样性，好莱坞的人也不断预测着外星人的多样性。可我却总是一次次地为电影产业的创造力缺失感到吃惊。除了很少的创意中外星人与人类有着显著的不同［比如在《幽浮魔点》（1958 年上映）以及《2001 太空漫游》（1968 年上映）中的生命形式］，其他来自好莱坞的外星人们皆与人类非常相似。无论丑（或靓），几乎所有的外星人都有两个眼睛、一个鼻子、一张嘴巴、两只耳朵、一个脖子，有肩膀、手臂、手、手指头，有一个躯干、两条腿、两只脚，且能如人类那般行走。从解剖学上看，这些生物实难与人类真正分辨开，然而他们却被假设为外星来客。我的观点是，如果能确定宇宙中存在其他生命形式（无论是智慧的还是非智慧的），他们至少应与地球上的生命形式存在较大差异。

太空推特 3—4 号@ 泰森

刚开车经过机场附近那巨大的、有 30 英尺（9.1 米）高的 L-A-X 字母标牌——显然，我们能从地球轨道上看见这个标牌。洛杉矶是外星人的太空港吗?

2010 年 1 月 23 日上午 9：06

这是在洛杉矶的最后一天。与洛杉矶国际机场那大大的 LAX 字母一样，好莱坞（Hollywood）的标志 HOLLYWOOD 也非常巨大。我们可以从太空中看见这个标志吗? 那会是外星人着陆的地方吗?

2010 年 1 月 28 日下午 2：16

地球所孕育的生命，在其化学组分上，主要来源于大浪淘沙后的少数几种。人体及其他已知生命体内，95% 的原子来源于氢、氧及碳元素。这 3 种元素中，碳的化学结构使它能以许多不同的方式轻易并牢固地结合其自身及其他许多元素——这是我们常被称为碳基生命的原因，也是研究含碳分子的学科常被称为“有机”化学的原因。研究宇宙中其他地方的生命的学科，被称为外空生物学。古怪的是，这是人类为数不多的几个在完全缺失第一手资料的情况下仍坚持尝试运行的学科之一。

生命在化学上是特殊的吗？哥白尼原则认为多半不是。外星人无须在外表上与我们相似，甚至在更基本的方面也无须与我们相似。宇宙间最常见的4种元素是氢、氦、碳与氧。其中，氦是惰性的。因此，其余3种在宇宙间丰度极高、化学性质活泼的元素，也正是地球生命中最多的3种成分。基于这一因素考虑，可以相信，如果我们在别的行星上发现了生命，它应该也会由相似的元素混合物构成。相反，如果地球生命主要由钼、铋、钚构成，我们就有足够的理由怀疑——我们是宇宙中的特殊玩意儿。

依照哥白尼原则假设，与已知生命相比较，外星生命或许不会偏差得太离谱。有足够让人信服的结构性原理让你相信，没有哪种生命形式会拥有如同帝国大厦那般的身材，让其足以傲视星球。即便我们忽视生物物质在工程力学上的限制，生命也会受限于另一个更基本的限制。我们假设外星人可以控制自己的附属器官，假使这一生物也是作为一个完整系统而运行，那么，他的体型大小一定会受限于他体内信号的传递速度。该速度的最大值不会超过光速——光速是宇宙间存在的最快速度。讨论一个极端例子：如果某个生物有海王星公转轨道那么大（直径大约10光时），它挠头的简单动作或许需要10个小时才能完成。在进化上，这样的慢动作是自我制约的——因为从宇宙诞生到今天，其时间不足以使这种生物从一个小个子进化到我们之前设想的大小。

再谈谈智慧。当好莱坞的外星人们想方设法地造访地球时，人们或许会认为他们聪明且具有高智慧。但我认为，正是这些外星人的愚蠢带来了尴尬。几年前，在一次从波士顿（Boston）到纽约城的自驾游旅途中，我听到了FM调频广播播放的一段故事的中间部分。我展开想象，还原了故事的前因后果。这个故事讲的是外星人向地球人发动的恐怖袭击。故事中的外星人需要氢原子才能存活，所以他们不停地俯冲地球，吸尽汪洋以从水分子中提取氢。这些外星人真是傻蛋，他们在前往地球的行程中难道就没瞟一眼别的行星（比如木星），木星就含有超过地球总质量200倍的纯氢。我猜测，或许没人教过这些外星人，所以他们不知道宇宙间超过90%的原子都是氢原子。

那些使出浑身解数，千方百计地穿越了数千光年星际空间却笨手笨脚坠落在地球上的外星人，实难想象他们的智慧。

1977 年的电影《第三类接触》中的外星人，他们在即将抵达地球时，向地球投射了一组神秘的数字序列，最终被人类解码为外星人将要着陆的经度与纬度。事实上，地球的经度有一个完全主观的起点——本初子午线。本初子午线经国际一致认同，穿过了格林威治（Greenwich）和英格兰（England）。经度和纬度均是以非自然单位衡量的，这个单位即我们所称的度，360 度即一个圆。在我看来，这些外星人似乎对人类文化知之甚详，他们应该也学过英语。故他们投射的信息应该是："我们将要降落在怀俄明州（Wyoming）魔鬼塔国家纪念碑附近。因为我们乘坐的是飞碟，所以我们无需跑道灯也能顺利降落。"

太空推特 5 号@泰森

为什么外星人总是采用斜面登陆呢？是他们对梯子有什么不满吗？还是因为他们的飞碟是为残疾人进行过无障碍设计的？

2010 年 8 月 21 日中午 12：00

有史以来的最蠢外星人影视角色奖应颁给那个自称为威者（V' ger）的角色，它来自 1983 年的电影《星际迷航：无限太空》。威者本质上是一台古老的机械式宇宙探测器，它被赋予的任务是探索并发回探测的结果。威者被一个机械外星文明从深空中打救出来，并进行了重新配置，使威者在之后的实际运作中能在整个宇宙的范围内执行它之前所领受的任务。威者不断地成长，最终获得了宇宙间的所有知识，并因此而觉醒。电影里，在威者寻找他的初创者、寻找他自身生命意义时，企业号全体船员碰上了这一巨大的、无感情的高能宇宙信息收集器。在这一巨大的外星机器内部，还容纳了一个原始探测器，探测器上一个钢印镌刻的字母提供了线索。柯克（Kirk）船长意识到，该探测器即旅行者 6 号（Voyager 6），由地球人在 20 世纪末发射，其饰板上位于"V"与"ger"之间的"oya"已被严重损坏而不易辨识。我好奇的是，威者早已获得了宇宙中的全部知识，却不知道自己的真正名字是旅行者。

我还要对1996年的年度巨制大片《独立日》吐槽。事实上，电影除了让我们感到对邪恶外星人的厌恶外，别无其他收获。虽然没有这些角色或许不会存在科幻电影产业，但《独立日》里的外星人是彻头彻尾的邪恶分子。他们看上去就像是由葡萄牙僧帽水母、锤头鲨和人类基因杂交而成的产物。编剧既然在这些外星人角色构思的创意上超过了大多数的好莱坞外星人创意，为什么这些外星人的飞碟还装备着软坐垫高靠背的扶手椅呢?

我很高兴最终是人类取得了胜利。我们通过一台苹果笔记本电脑上传了病毒软件到外星人的母舰（这艘舰的质量正好是月球的1/5）上，因此解除了它的防御力场，从而征服了《独立日》中的外星人。这里我要强调的是，1996年，我在我们部门内部向别的电脑上传文件时就经常遇到困难，当两台电脑配置的操作系统不同时困难将更为严重。鉴于此，我对电影中的情节只有一种解释：外星人母舰上运转的防御系统一定与那台传播病毒的苹果笔记本电脑的系统为同一个发行版本。

人类是地球上唯一进化出高等智慧的生物，为了证明这一观点，让我们作个假设。（我并非不敬重其他脑容量更大的哺乳动物。事实上，它们中的绝大多数不懂天体物理学，所以它们难以拥有高等智慧。）假设，地球上的生命模式为宇宙中别处的生命模式提供了某些衡量标准，那么，我们可以得出结论：智慧是罕见的。有推测认为，在地球有了生命后的历史中，总计出现过100亿以上的物种。我们根据这个推测计算，在所有的外星生命形式中，有着如同我们一样高等智慧的生命，不会超过百亿分之一。在这些智慧生命中，拥有高等级技术、为了交流而刻意穿过荒凉的无尽星海的种族的数量就更低了。

太空推特6号@泰森

毛毛虫们不会知道，在它们身边经过的路人甲是有智慧的。同理，我们也不会知道，在我们身边经过的超级外星人是否有智慧。

2010年6月3日晚上9：18

我们寄希望于存在这样的一个文明，他们能穿越星际间充满气体与尘埃的云团，无阻碍地横贯星河，而射频电波也恰是他们中意的通信波段。事实上，人类精通电磁波谱尚不足一个世纪。或许还存在一个丧气的事实：即使在人类有记录以来的大多数时间里，外星人一直尝试着向地球发射射频信号，我们受限于当时的智慧程度，均无法接收。我们知道的是，也许在好多个世纪之前，外星人就试着联系过我们，但他们得出了沮丧的结论——地球上没有智慧生命。也许今天的他们，已将目光转向了别的地方。还存在一个更羞辱人的可能性，外星人也许早已知道地球上居住着一个技术娴熟的种族，但就外星人掌握的技术水平，他仍然得出了让我们沮丧的结论——地球上没有智慧生命。

我们以地球生命（无论是有智慧的还是无智慧的）为出发点，总结出了哥白尼原则。这要求我们默认一个假设，任何地方，液态水都是生命存在的前提。要支撑生命的存在，行星的轨道不能距离其主恒星太近，因为过高的温度会蒸发掉星球上的水；同样，轨道也不能距离其主恒星太远，因为过低的温度会使得星球上的水冻结。简言之，该行星的温度必须在180华氏度（82摄氏度）以内，才能保证液态水的存在。如同在“金凤花姑娘和三只小熊”中有一幕三碗食物的场景描述——温度必须恰当。（一次，我就该话题参加了辛迪加广播脱口秀节目。主持人评价，“显然，你要找的应该是粥做成的星球！”）

就我们对生命存在可能性的认知来看，行星与主恒星间的距离很重要，此外，还需考虑行星对恒星辐射的阻挡能力。金星就是一本“温室”效应的教科书。太阳光线穿透金星的由二氧化碳组成的厚重大气，会被金星的星球表面吸收，地面会将红外线波段进行再辐射。在这一过程中，红外线又会被大气困住。以上过程导致的结果是，金星中的空气温度徘徊在900华氏度（482摄氏度）上下。在那样的温度下，铅也会快速熔化。

相较于发现宇宙中的智慧生命形式，在宇宙中别的地方发现简单的、非智慧生命形式（或它们曾存在过的证据）的可能性更大。我对发现非智慧生命形式也抱有不浅的兴趣。两处绝佳的、与地球邻近的、值得观测的地方是——火星上干涸的河床下方（那里或许会有水流丰沛期间繁荣生命留下的化石证据）、木星卫星欧罗巴（理论上可能存在的海洋的浅海区)。再一次，充满希望的液态水指引着我们的搜寻方向。

宇宙中生命的进化还包括其他一些放之天下皆准的前设——环绕单一恒星运行的行星且具有稳定的近圆形轨道。在恒星系统中，双星与多星系统超过了半数。在双星与多星系统中，行星轨道倾向于狭长、混乱的状态，这会带来温度的极端变化，这种变化会侵蚀生命进化过程的稳定性。同时，生命进化的过程需要足够的时间。大质量的恒星寿命较短(数百万年时间)，这使环绕它们运行的类地行星难有机会发生演变。

我们所知的支撑生命所需的条件，可通过德雷克公式作粗略定量。这一公式是为纪念美国航天员弗兰克·德雷克（Frank Drake）而命名的。有人将德雷克公式看作对真实宇宙的运转方式的精准描述，我认为，将这一公式视为一个能发展下去的学说更准确。为了计算在星系中找到生命的可能性，该公式将总体可能性分解为了一系列更简单的可能性，对应于我们所预想的适宜生命的宇宙条件。最后，在你与同事们争辩完每个公式中的概率条目后，你会得到一个估计值，显示出某星系中存在智慧性、技术娴熟的文明的概率。基于你假设的等级，以及你在生物学、化学、天体力学、天体物理学方面的知识，仅就银河系而言，你估算出的文明的数目可能囊括了一个巨大的范围：从一（我们自己的文明）到百万的数量级。

如果我们将自己定位为宇宙中具有技术能力的生命形式的原始阶段(不管达到该程度的文明有多么稀少)，那么，我们所能做的最佳方式应是对别人发送的信号保持警觉（因为发射信号的成本更高)。据专家们推测，先进文明可以很容易地操控某个丰沛的能量源，比如其主恒星。这些文明发射信号的频率显然大于他们接收信号的频率。

寻找外星智慧，人们一直以多种方式进行着尝试。长久以来的努力最终聚集在了监听数十亿个无线电频道上，人们期望能从宇宙噪声中找到某一射频或微波信号。有一个“在家寻找外星智慧”的屏幕保护程序，已在全球范围内得到了数百万次的下载，该程序可使家用电脑能分析波多黎各阿雷西博天文台收集到的大数据。这一巨大的“分布式计算”项目（全球最大的一项）主动地收集具有互联网连接的电脑的空闲计算能力。最近，激光技术的进步使电磁波谱可见光区段寻找纳秒级的激光闪烁具有了实用价值。在纳秒范围内，一束致密的、直线传播的可见光将胜过其周边的恒星发出的光芒，使它能从遥远的地方被探测到。另一项新的进步，受可见光版地外智慧搜寻的启发，在持续监视整个星系时放弃寻找持续性的信号，转而寻找短暂的微波爆发。因为在信号的产生上，这一方式或许是最合算的。

如果我们能够并终将找到外星智慧，它将给人类的自我认知带来无法预知的改变。我希望，并非所有的其他文明在行为方式上均与我们的文明完全一样。如果大家皆处于相似的方式，每个文明都只是倾听，那么谁也不会收到信号。进一步，所有的文明都会得出唯一结论——宇宙间不存在其他智慧生命。

尽管我们不能很快地找到地外生命，但我们仍将坚持继续搜寻。因为我们是有智慧的流浪者，我们是充满好奇的生物，我们在搜寻中得到的满足等效于探索发现给我们带来的满足。

4 邪恶外星人

接受美国有线新闻网络（CNN）桑杰·古普塔（Sanjay Gupta）的采访

桑杰·古普塔：我想问大家一个问题，你们是否相信有 UFO 存在？如果你们相信，你们就有了一个牛哄哄的同伴——英国天体物理学家史蒂芬·霍金（Stephen Hawking）。世界公认，他拥有本星球的最强大脑。他认同外星生命存在的可能性较大这个观点，且这些生命或许并不友好。事实上，在霍金的想象中，有一个更为黑暗的可能，电影《世界大战》所展现的内容完美贴近于他的观点。在探索频道的一部记录片中，霍金讲述了他脑海中想象的外星人——他认为外星人都是大个子坏蛋，忙着征服一个又一个的星球。霍金说，外星人可以居住在大型的舰船中，我们可以将这些外星人称为游牧者。这些游牧者穿行于宇宙之间，征服别的种族，他们还能通过镜面收集能量。镜面、大型舰船、大个子的不良外星人，这些具有可能性吗？让我们走近尼尔·德格拉斯·泰森，他是纽约海登天文馆的主任，与霍金一样，泰森也是一名天体物理学家。

因为宇宙间有无可计数的星系，无穷无尽的恒星，孩童时的我就对此深深着迷。

尼尔·德格拉斯·泰森：每一星系中的恒星都以千亿计。

桑杰·古普塔：恒星数量以千亿计，甚至更多。这样的数量意味着在某处会有生命的存在？

尼尔·德格拉斯·泰森：确实如此。

桑杰·古普塔：如若霍金描绘的景象为真，外星人与ET相去甚远。似乎与《独立日》里的外星人更相似，即外星人是邪恶的。就这一话题，你认为是人们的主观猜测吗？

尼尔·德格拉斯·泰森：是猜的，但并非瞎猜。这个猜测更多地说明了我们对自身的恐惧，我们害怕自己甚至超过了我们害怕自己臆想出来的外星人。换句话说，我认为我们的最大恐惧是，造访我们的外星人在对待我们时，会与我们在地球上彼此相处的方式相同。所以，在某种程度上，霍金这一启示性的恐怖故事是摆放在我们面前的镜子。它所反映的，是我们在思考外星人问题时会采用的方式。

桑杰·古普塔：这与卡尔·萨根所持的观点大不相同。他曾切实地将地球所在的位置泄露了出去。

尼尔·德格拉斯·泰森：是的。在旅行者号宇宙飞船上，萨根放了一块板子，上面记录了回信地址。他希望告诉别人，“我们就在这里！”

桑杰·古普塔：为什么外星人会像霍金所想象的那样？为什么他们会做那些类似于报复的事？

尼尔·德格拉斯·泰森：就像我曾经说过的，没人知道外星人会怎么做。外星人会有和我们不同的化学成分、不同的动机、不同的目的。我们怎能以自身为蓝本推论外星人？外星人是邪恶的，这只是猜疑。事实上，这些猜疑更多地反映了我们的恐惧，这种恐惧来源于我们本体。换个角度思考，假如我们发现了外星族群，我们会用什么样的方式去对待他们？这种恐惧反映的正是这个问题。所以，这个猜疑并非真实反应外星生命会如何对待我们。

太空推特7号@泰森

在太空中如何阻挡喷嚏？我们可以用头盔将所有的40 000个喷吐出

的飞沫阻挡住。这样，外星人将获得安全。（有科学家认为，地球上的微生物对外星人是致命的。所以作者开玩笑，认为我们应该阻挡在太空里打出的喷嚏，以避免地球微生物感染外星人。）

2011 年 1 月 15 日下午 2：57

桑杰·古普塔：我们正在监听着外星人。我的理解是，我们已监听了很长一段时间了，但我们仍未能听到他们吱过一声。你认为他们现在也在监听着我们吗？

尼尔·德格拉斯·泰森：也许是吧。在我看来，我们自己公布出自己的存在是可怕的。也许，外星人会来到我们的世界，奴役我们或将我们投进动物园。一些娱乐性的科幻小说已将这个猜测作为主题展开写作了。

桑杰·古普塔：我曾想，我们现在或许就生活在一个外星人的动物园里。

尼尔·德格拉斯·泰森：那就是恐怖的缘由了。我们现在正做着什么？我们的主要手段是监听。我们有大型的射电望远镜，指向不同的方向。我们用高度精密的线路同时监听着数十亿的射频频率，以观察宇宙的某处是否有人在某一频道上低声呢喃。监听的过程，与发射信号的过程完全不同。我们从未刻意发射信号出去，我们只是在偶然间送出了信号。我们的射频信号呈球状向外辐射，这个信号球在不断扩张。到目前为止，其边缘已抵达了 70 光年之外。在那一边界，你将能发现地球人的广播电视节目，比如《我爱露西》和《蜜月期》（分别为 1951 年和 1955 年播出的电视剧与电影）。这是外星人可能解码到的首批人类文化符号。

5　杀手小行星

在你墓碑上出现“死于小行星”的概率，与出现“死于空难”的概率大致相同。实际情况是，在过去的400年，全世界大约只有20多人死于小行星坠落；而在相对较短的空中旅行史中已有数千人死于空难。那么，为什么说它们的概率大致相等呢？这个简单的比较性统计数据为何成立？

在1 000万年后，死于空难事故（假设死于空难的概率为每年100人）的人数会累计达到10亿。根据陨星撞击地球的记录推算，到那个时候，一个体积大到能致死相同数目人类的小行星将与地球相撞。需要强调的是，空难的发生是连续的，死亡人数由少积多；小行星或许在数百万年间不会带来死亡，而一旦发生，它会带走10亿人的生命（部分人死于撞击，部分人死于随后出现的气候剧变）。

在早期的太阳系中，小行星与彗星的撞击率高得惊人。行星形成理论认为，化学成分丰富的气体冷却下来并浓缩形成了分子，继而形成尘埃，然后是岩石与冰。在那之后，它将成为一个靶场。撞击成为了小分子依靠化学键和万有引力结合成大分子的方式之一。物质在偶然间合并，质量上就有了轻微的增加，其引力也有了轻微的增加，且更能吸引别的物质。随着合并的继续，万有引力最终把一个点变成了一个球，诞生了行星。大多数大质量行星有了足够的引力，故而拥有了维持气态包裹的外层，即大气层。

尽管在行星初次诞生后，合并率在行星上开始降低，但合并仍在行星生命的每天中延续。直至今天，星际尘埃仍在以可观的数量（通常一天有数百吨）降落至地球，尽管只有小部分到达了地球表面。大多数的星际尘埃在地球大气中消逝。极具危害性的是，在太阳系中存在的数以十亿，甚至万亿计的岩石——彗星与小行星。它们在太阳系形成之初即围绕太阳旋转，却从未与任何大型天体合并过。

长周期彗星是来自太阳系极深处（达到海王星轨道半径的1 000倍）的冰冷流浪者，它们在经过恒星与星际星云时易受万有引力的作用而改变航向，使其飞向太阳并飞抵地球附近。此外，我们还知道几十个来自太阳系内部的短周期彗星的存在，它们的轨道与地球轨道存在交叉。

小行星，它们绝大多数由岩石构成。部分小行星由金属构成，主要为铁。部分小行星是碎石群——万有引力将碎石集合起来形成群落。多数小行星位于火星与木星的轨道之间，且永远不会靠近地球。

有一些小行星一定会靠近地球，还有一些小行星存在靠近地球的可能性。已知的邻近地球的小行星大约有7 000个，事实上，还有更多的小行星尚有待人们发现。其中，可能对地球造成威胁的小行星超过了1 000个。今天，太空观察者仍对天空进行着不间断地勘测，以寻找这些小行星。随着这一行动的持续推进，这个数字还在稳步增长。我们将那些直径大小超过500英尺（152米）、轨道在地球至月亮距离的20倍以内的小行星称为“有潜在危险的小行星”。它们并非明天就会撞击地球，但却值得人类关注，因为宇宙间某处的小扰动也许就能将它们送到我们的附近。

迄今为止，在引力角逐的游戏中，最可怕的撞击者是长周期彗星——它们围绕太阳运行一圈的时间超过200年。这类彗星的撞击风险大约构成了地球总撞击风险的25%。它们跨越浩瀚的距离坠入了内太阳系，在抵达地球附近时其速度将达到每小时10万英里（16万千米）以上。因体积差异，与平凡的小行星相比，长周期彗星的撞击能量将达到一个令人惊惧的程度。更要命的是，它们太远、太暗淡，以至于大多数时间我们无法在其运行轨道上进行可靠的追踪。当我们发现某颗长周期彗星向我们扑面而来时，也许我们仅有2年，甚至仅2个月的时间去筹备、设计、建造并发射出拦截它的飞船。比如：1996年，人类发现百武（Hyakutake）彗星时，距离其近日点仅有4个月的时间。因为它的运行轨道与太阳系平面形成了巨大的夹角，而那里恰好是没人留意的地方。在这颗彗星的航路上，它与地球相距不到1 000万英里（1 600万千米），在天文学上这仅是毫厘之差。

在太阳系历史上，“冲击”和“撞击”并无差异，虽然在感觉上“物种灭绝、摧毁生态系统的撞击”更夺人眼球。撞击成就了我们今天的生存环境。我们幸福地生活在这颗星球上，因为我们的星球有丰沛的化学元素，因为我们的星球未被恐龙统治。我们的幸福来源于撞击，又如何能惧怕并憎恨撞击或许会给我们带来的风险呢。

在与地球相撞的过程中，撞击物的一部分能量会以碎片和空爆冲击波的形式逸散在我们的大气层中。音爆也是冲击波的一种，它们通常由速度达到1—3倍音速的飞机产生。这类音爆所能造成的最大破坏力并不大，仅能晃动下你桌上的盘子。但当速度超过每小时45 000英里（音速的70倍）时，从撞击物与地球的撞击中心扩散出的冲击波将是毁灭性的。

如果小行星或彗星足够大，能在其自身所引发的冲击波中幸存下来，其剩余的能量将被带至地表。撞击会形成一个陨坑，其直径可达撞击物自身尺寸的20倍，还能将其下方的地面熔化。如果多个撞击物接连撞上地表，且撞击的时间间隔较短，地表则无法得到足够的时间用以冷却。从我们最近的邻居——月球表面上的新生陨坑记录作推断，在46亿—40亿年前，地球曾经历过一个被狂轰滥炸的时代。

化石证据显示，地球上最古老的生命可上溯到38亿年甚至更久远的时间。在那之前，地球的表面并无生命存在。在那段时间，尽管基本成分都已完备，但复杂分子及更高级生命的形成受到了抑制。这意味着生命的最终出现又经历了8亿年时间（46亿－38亿=8亿）。这里，我要给有机化学说句公道话：地球表面上那段炽热的时间应从这8亿年中扣除掉，那样一来，只用了2亿年，生命就在那锅有丰富化学元素的汤里孕育而生。这锅汤就像所有绝世好汤那样，含有液态水。

地球上的水，多数是在40亿年前由彗星带入的。地球承受了由火星弹射出的岩石的撞击十余次，地球承受了由月球弹射出的岩石的撞击次数更是无法计数。

当撞击物携带的能量足够大时，在撞击的瞬间，撞击区附近的岩石会被抛向空中。当被抛飞的岩石的速度达到足够逃逸该行星引力的程度时，弹射就发生了。然后，在那些石头发生其他碰撞之前，它们有了围绕太阳公转的轨道。1984 年在南极洲艾伦山（Alan Hills）区域附近第一次发现的陨石，即为最著名的火星石——其官方名字以易于理解的编码缩写而成，ALH－84001。这块陨石包含的信息着实撩人，尽管无法最终确定，但它为我们提供的线索显示——在这颗红色的行星上，10 亿年前，曾有过低级生命欣欣向荣的时代。

火星有丰富的“地”质痕迹——干涸的河床、河流三角区、冲积平原、蚀刻的峡谷、峭壁上经冲刷形成的沟壑——它们都证实了火星上曾有流动水的存在。今天，火星上依然有水以冰冻的形态存在着（两极的冰帽及大量的地下冰），还有在静水中析沉的矿物（硅、黏土、赤铁矿“蓝莓”）。就我们所知，液态水对生命的存续至关重要。因此，火星上存在生命的可能并未超出科学证据的范畴。有一个有趣的推论：“生命诞生于火星。因为爆炸，生命从火星的表面被掀飞，以太阳系首批细菌宇航员的身份来到了地球，开启了进化。”就这一过程甚至产生了一个专业名词——有生源说。也许，我们都是火星人。

从方向上分析，物质更易于从火星向地球迁移。脱离地球引力所需的能量是脱离火星引力所需能量的 2.5 倍，因为地球的大气层密度大约是火星大气层密度的 100 倍，地球上的空气阻力远超火星。细胞附着于飞掠的小行星上，必须切实地忍受住几百万年的时光流浪于星际，坚强地活下去直至扎进地球。幸运地是，地球不缺乏液态水，还有丰富的化学元素。我们没有十足的把握去解释生命起源，故而，我们也无须从有生源说理论中寻求确切的证据。

当然，我们会很容易地想到，撞击对生命来说是糟糕的事儿。从化石记录来看，我们知道，的确存在陨石撞击造成物种大灭绝的事件。记录显示，在已遭灭绝的生命形式中，就其兴旺的时间而言，无任何生命存在的时间可超越当今地球的占有者——现代智人。恐龙也是被灭绝掉的生命形式中的一员。

太空推特 8 号@泰森

对某些人来说，太空是与他们毫不相干的领域。但当小行星扑来时，我敢打赌，他们的想法会完全不同。

2011 年 4 月 13 日晚上 8：40

平均来说，每几十年就会有一颗如独幢别墅那么大的撞击物撞上地球。它们通常会在大气中爆开，不会留下陨坑那样的痕迹。不过，即便很小的撞击物也极可能引发一次政治事件。印度和巴基斯坦就处于紧张的政治局势，类似的大气爆炸或许会被他们认定为核打击，并各自展开相应的对峙。如果出现的是极端情况，即超大尺寸的撞击物撞向地球，大约每 1 000 万年拜访地球一次。它能毁灭地球上所有的超过面包盒大小的生命形式。如果这成为现实，则不需要任何政治反应出现了。

下表展示了撞击物撞击地球的概率与撞击物尺寸的相关关系，及其产生的百万吨 TNT 当量。这些数据基于对地球陨坑历史、对月球无风化陨坑，以及对已知运行轨道与地球轨道相交的小行星及彗星进行的详细分析。这些数据引自一项美国国会指令性研究项目——《太空卫士调查：NASA 国际近地物探测研究会报告》。为方便比较，我将撞击能量以美国空军 1945 年投在广岛上的原子弹为单位进行了展示。

撞击地球的风险

每次间隔时间量级	小行星直径（米）	撞击能量（百万吨 TNT）	撞击能量（一枚原子弹）
月	3	0.001	0.05
1 年	6	0.01	0.5
10 年	15	0.2	10
100 年	30	2	100
1 000 年	100	50	2 500
10 000 年	200	1 000	50 000
100 万年	2 000	1 000 000	50 000 000
1 亿年	10 000	100 000 000	5 000 000 000

表中可以查到一些著名撞击的动能学数据。比如，1908 年在西伯利

亚通古斯河（Tunguska River）附近发生的爆炸，曾一举夷平了数千平方千米的树木，并将周边300平方千米的森林焚为灰烬。大家认为，罪魁祸首是一颗直径为60米的石质陨星（大约与20层建筑物的大小相当）。它在半空中爆裂，因此未留下陨坑。表格数据提示，如此大规模的撞击平均200年发生一次。而类似墨西哥尤卡坦半岛（Yucatán Peninsula）上将近200千米宽的希克苏鲁伯（Chicxulub）陨坑事件，则稀少得多。人们认为，这一陨坑是由一个约10千米宽的陨星留下的，其撞击能量大约为第二次世界大战期间爆炸的两颗原子弹能量总和的500万倍。这样的撞击可归到每亿年发生一次的类别中。这一陨坑的形成大约是在6 500万年之前，自那以后再未发生。巧合地是，大约在相同的时间，雷克斯霸王龙以及它的小伙伴们灭绝了，这使哺乳动物的进化史更为恢宏，终于越过了树鼩这一物种。

彗星及小行星撞击对地球生态系统会造成何种影响？在一本大部头书《彗星与小行星的危害》中，数个行星科学家客观公正地看待了这些不讨人喜欢的能量逸散。下面摘录了他们概述出的部分内容：

· 多数能量在千万吨级以下的撞击物会在大气层中爆炸，不会残留陨坑。幸存的少数陨星会以一个单块的形式存留下来，其残留物通常为铁基。

· 一次由千万吨至亿吨级的铁质陨星撞击会遗留陨坑，然而与其撞击能量相当的石质陨星则会崩解，在大气中发生首爆。在地表，铁质陨星将会摧毁华盛顿特区那么大一块面积的地方。

· 陆地上发生一次十亿吨至百亿吨级的撞击会遗留下一个陨坑并摧毁特拉华州那么大面积的地方。这样大的撞击发生在海洋中则会带来大型的海啸。

· 一次千亿吨至万亿吨级的撞击会破坏全球的臭氧层。如果撞击发生在海洋中，会造成席卷整个半球的海啸。如果撞击发生在陆地上，激起的烟尘能直达平流层，且足够遮天蔽日改变地球的气候并冻死庄稼。一次陆地撞击将能摧毁法国那么大面积的地方。

· 一次万亿吨至千万亿吨级的撞击，无论是发生在陆地上还是海洋中，均会造成希克苏鲁伯撞击那样的大灭绝。一旦发生，地球上会有超过75%的物种被直接抹去。

顺便提一句，地球并非唯一面临撞击风险的石质星球。一次偶然的观察中，人们发现水星也有月亮那样满目疮痍的陨坑表面。射频地形学提示，在金星那掩盖于厚重云层之下的表面，也存在很多陨坑。而火星，其历史上曾有过活跃的地质活动，也存在大型的、在近期形成的陨坑。

木星有着超过地球300倍的质量，以及超过地球10倍的直径。在太阳系的行星中，木星吸引撞击物的能力是超强的。1994年，在一次纪念阿波罗11号登陆月球25周年的年度庆典期间，那颗在之前与木星近距离相遇时曾被撕裂为20多块的苏梅克－列维（Shoemaker－Levy）9号彗星逐块地以超过20万千米每小时的速度扎进了木星大气层。地球上的个人天文望远镜可以轻松地观察到它们撞击的气态痕迹。木星自转很快（约10小时），随着木星大气的转动，彗星的每块碎片都冲入了木星的不同位置。

或许，你会做出这样的推测："每块来自苏梅克－列维9号彗星的碎片都产生了相当于希克苏鲁伯撞击那般大的能量。因此，且不论其他与木星相关的推测，木星上至少不会有恐龙的存活。"

我要很高兴地告诉大家，近年来，世界上越来越多的行星科学家已开始搜寻那些可能冲我们而来的太空流浪者。虽然我们所列出的潜在杀手级撞击物名单并不完整，虽然我们对数百万轨道上的物体作行为预测的能力受制于贫瘠的技术而存在缺陷，但我们将有幸于专注研究接下来几十年或几百年中可能会发生的事情。

在与地球轨道有交汇的小行星群中，我们有希望能对每个长度大于1千米宽的物体作编录，凡大于这个尺寸的小行星就可能给我们带来灾难。可企及的目标是建立一个针对这些撞击物的早期预警与防御系统，以保护人类免受其灾祸。不幸的是，小于该尺度的小行星的数量更加巨大，它们反射的光线较少，因而难以被人类探测并追踪。因为暗淡，它们很可能在我们毫无察觉的情况下袭击我们。或者，当我们注意到它的时候已为时太晚，留下的时间远不够我们采取防御措施。比如：2002 年 1 月，一个体育场大小的小行星以两倍于地月距离的高度从地球上方飞掠而过——我们发现它的时候，距离它达到距地球最近点的时间仅只有 12 天。不过，考虑到我们还有 10 年左右的时间收集数据，考虑到我们在未来探测器上或许会取得的进步，我们将来也许能实现将长度小至 140 米的小行星进行编录。尽管这些小家伙携带着足够将一个国家焚为平地的能量，但它们还不足以让人类面临种族灭绝的风险。

这些小行星中有值得我们担心的吗？至少有 1 个！专家预测，2029 年4 月 13 日，星期五，一个如美国加州洛杉矶北部帕莎迪纳足球场大小的（全球第 18 大的球场）小行星将飞掠地球上方，它会与地球非常近，以至于它能闯入我们通讯卫星的海拔高度。我们没有将它命名为小鹿斑比。相反，我们采用了源自希腊的黑暗与死亡之神，将其命名为毁神星。毁神星在最接近地球的时候，若其运行轨道相对地球的海拔高度达到了所谓的“锁眼”，地球的引力将会影响其原始轨道。这会造成 7 年后，2036 年，毁神星回归时直接撞向地球，它将扎入加利福尼亚（California）与夏威夷（Hawaii）之间的太平洋。它造成的海啸将横扫北美的整个西海岸，埋葬夏威夷，摧毁所有太平洋沿岸地区的陆地。当然，如果在 2029 年，毁神星错过了“锁眼”，我们在 2036 年就无须担心了。

一旦我们在日历上为 2029 年做好了标记，我们就能选择在海滩上惬意地啜着鸡尾酒打发时光，计划在撞击中躲过灾难，或者选择积极主动的作为。

那些掌握着核武器的焦虑者，喊出的口号是，“将它从天空中毁灭掉！”的确，自人类有史以来，所掌握的毁灭性能量中最有效的就是核能。直接命中降临中的小行星也许能将其打碎至足够小，以将撞击风险降至最低。尽管这颗小行星依旧引人瞩目，却只是演变为一场流星雨。需要强调的是，真空的宇宙中没有空气、冲击波，原子弹必须准确地接触到小行星以发挥其破坏作用。

还有一种方法，有效利用一种高辐射的中子弹（它是冷战时代的炸弹，可将人杀掉却把建筑物完整地保留下来）。炸弹的高能中子浆能把小行星的一面加热，使其向前喷射物质，并借反冲力让小行星后退。这样的反方向运动可改变小行星的轨道，将其从撞击轨道上移开。

助推器或许是最温柔的方式。寻找一种方法，将火箭固定在小行星的一侧，就能缓慢且稳定地使小行星轻微偏离其危害路径。至于如何将火箭附着到一个不熟悉的物体上？我们暂且不论。假如我们能足够早地干成这件事，我们只需用传统的化学燃料就能推动小行星并改变其轨迹。或者，我们可以连接一个太阳帆到小行星上，它能收集阳光的压力形成推进力。这样，我们甚至无需燃料了。

然而，现在具有可行性的最佳方案也许是引力牵引。这种方式需要将一个探测器放置于太空，靠近小行星杀手。当小行星靠近它时，它会在引力的作用下主动与小行星靠拢。当二者靠近到一定程度时，一组阵列火箭点火，使小行星被拉扯向探测器的方向，进而脱离其碰撞地球的轨道。

拯救地球的任务需要责任感。我们首先要编录好所有与地球轨道有交叉的目标。接下来，还得进行精确的电脑计算，使我们能从这千百条轨道上的物体中预测出未来会产生的灾难性碰撞。同时，我们还要展开太空行动，以更详尽地查明彗星或小行星杀手的结构与化学构成。军事战略家常说，知己知彼是为上。

无论我们选择哪种方式，首先需要的是一份详尽的名单，列出所有对地球的生命摆出了危险姿态的物体。全世界范围内，参与到这项核心搜寻工作中的人总计也就 10 多个。如能有更多人参与进来，我会觉得欣慰。参与这一工作的研究者人数，将在一定程度上决定有多大概率保障地球未来的安全。如果人类在某天灭绝于一场灾难性碰撞，或许并非因为我们缺少自我保护的智慧，而是因为我们缺少远见与决断。世界末日之后，取代我们而占据地球上主导地位的物种也许会非常困惑——现代智人也不能避免灾难？他们可不是恐龙，恐龙仅有花生米大小的脑容量！

6　向星星启航

《纽约时报》卡尔文·西姆斯（Calvin Sims）所作视频专访

对话

尼尔·德格拉斯·泰森：我们需要重返月球。许多人说，“我们去过那里了，已经完事了，你可否说点新鲜的地方让我们造访一下？”然而，从技术上讲，造访月球具有重要的优势。造访火星需要大约9个月的航程，40年以来，人们皆未离开过近地轨道，希望一次性造访路途遥远的火星显然是困难的。新太空展望中的大跃进，即重新开启载人航天项目，重启那些在过去10年中尚未完成的项目。通过展开这些项目，再次体验20世纪60年代那些由太空项目带给人们的满满的激动与振奋。

卡尔文·西姆斯：我们有很长一段时间没有离开近地轨道了，所以进行这个项目的原因就是为了自我证明，我们能再次创造辉煌?

尼尔·德格拉斯·泰森：我们最近确实未曾离开过近地轨道。我们必须要让自己回忆起该如何实现这一任务——如何将这一任务做好并保证效率。我们还需要弄清楚，如何在地球以外或近地轨道以外的某处建立营地并确立生命支撑。显然，月球是个相对容易到达并测试以上所有项目的地方。

卡尔文·西姆斯：NASA曾做过保守估计，实现载人登月需要花费1 000亿美金。你认为资助这样的奋斗方向是明智的吗？尤其是我们处于这样一个前所未有的时期：我们或许会与伊拉克开战，同时，国内还存在较大的资金需求缺口。

尼尔·德格拉斯·泰森：1 000 亿美元这个数字需要进行分解。它并不需要一次性全部到位，它将横跨好几年的时间。强调一个问题，1 000 亿美元仅约等于 NASA 常规 6 年间消耗的总额。

美国是个富裕的国家。扪心自问，“对你来说，去往太空有价值吗?”在 NASA 所发起的那些代表着我们心灵、意志、灵魂的旅行上，你愿意将自己缴纳的税费分拨多少给它们？事实上，在你所交纳的税费中，每 1 美元中大约有 0.5 美分成为了 NASA 的预算。所以我认为，有关节约联邦预算的讨论，NASA 绝不应该是被首先盯着的地方。客观地说，NASA 的预算再增加一倍也不过分。NASA 的价值一定超过了政府对它的投入——如果你愿意将那 1 美分划拨给我们，我们会将它用在刀刃上。

向星星启航

尼尔·德格拉斯·泰森：纵观历史，在每个文明中，总有人疑惑我们在宇宙中的位置，并试图理解地球的真相。这并非今天的人们才有的兴趣，它深植于我们的传承，也是我们成为人类的根本。作为 21 世纪的美国人，我们是幸运的，我们能将前人的疑惑化作实践。过去，许多人只是站在地面，抬头望天，创造神话以解释未知。我们建造出了宇宙飞船并成功地前往过某些地方。这些成功是我们的荣幸，它来源于我们经济的成功与领袖的远见卓识，来源于我们想要争取这一探索的渴望。

卡尔文·西姆斯：既然你说太空探险的首要原因是对知识的追求，是自然赋予人类那满足自身好奇心、享受探索带来的十足兴奋的天性。那我想问一问，为何这一诱惑如此巨大，人类甚至愿意冒着生命危险造访太空？

尼尔·德格拉斯·泰森：并非每人都愿意这样冒险。但确实存在一部分人，揭秘是他们性格与天性中的基本诉求。正是这类人带动着整个国家、整个世界，向未来进发。

在现实世界中，机器人也非常重要。如果我给自己扣上一顶纯科学家的帽子，我会说，“送机器人上天吧，我留在下面接收数据。”然而，人类历史上从无将荣耀颁给某个机器人的先例。不会有人将某所高校的名字以机器人的名字命名。当我穿上公共教育家的外衣，我必须认清探索中那些激动人心的元素。令我们激动的不仅是那些来自天堂的发现或美妙的照片，还包括发现过程中产生的体验。

卡尔文·西姆斯：我们距离大规模宇宙探索（即太空殖民）还有多远？这是一个长久以来的梦想。是20年之后，还是30年之后？

尼尔·德格拉斯·泰森：任何时候，我读到有关人类行为的历史时，总会发现，人们习惯于找一些原因以相互战斗厮杀。这实在令人沮丧。所以我不相信人类会在另一星球上殖民，并让那些殖民地成为远离暴力与冲突的区域。同时，人类对自身未来的畅想也过于炒作了。以20世纪60年代的人们的声音为例：“到1985年，将有数千人在太空中工作并生活。”事实是直到2006年，我们也只送了3个人到太空中工作并生活。人们未能执着于进入太空的目标初衷，所以错觉产生了。

卡尔文·西姆斯：对于冒险探索太空，你自己有什么愿望吗？

尼尔·德格拉斯·泰森：没有，从来没有。比如，在对“太空”的流行定义中，有一种解释是进入地球轨道。地球轨道与地表的最近处距离可低至200英里（320千米），比纽约到波士顿的距离还近。我对太空的定义大大地超过了那一距离——我的兴趣点企及星系、黑洞、宇宙大爆炸。现在，如果我们有办法在太空中穿越广袤的距离，请一定算上我。拜访仙女座？我早已做好了准备，明天就能出发。然而，迄今为止，我们还没有办法去实现它。所以我坐下来，静静等待那天的到来。

太阳绕着地球转?

卡尔文·西姆斯：总体上说，美国人对科学与技术的了解，比不上那些与他们地位相当的外国人。你曾说过，除非我们有计划地提高美国人的科学素养，否则，我们必将步入危机。

尼尔·德格拉斯·泰森：现在就是危机进行时，它早就发生了。不过我很高兴地告诉大家，博学多才且深谋远虑的人就在我们之中，他们中的一部分正为国家相关文件的撰写做着贡献。比如，1983 年的《国家优质教育委员会报告》中评论称，“我们是危机中的国家”，并指出，“如果有敌对力量尝试给美国现行的、水准不足的教育体系施加影响，我们也许会将其视作宣战的行为。”事实上，这份报告的步子已迈得非常大，宣称美国已从根本上“犯下了考虑不周、单方面进行教育裁撤的错误”。

卡尔文·西姆斯：一些研究显示，美国只有 20%—25% 的成年人可被认为是具有科学素养的。一项研究发现，有 20% 的美国成年人认为太阳是绕着地球转的，这可是在 16 世纪就被抛弃的观点，这令你感到吃惊吗?

尼尔·德格拉斯·泰森：你刚才不是问过，我们是否正处于一场危机中？是的，我们正处于危机中。同时，你的话令我深刻关注。一些物理学领域的基本知识被普通大众忘却了。顺带一句，科学素养不是简单地看你能列举出多少个化学方程式，也不是看你能否懂得微波炉是如何工作的。科学素养嵌在宇宙的原始力量中。因此，在今天这个时代，认为太阳这样一个有着地球 100 万倍大小的玩意儿在绕地球旋转，真是一个找不到借口的错误。

卡尔文·西姆斯：非常麻烦的是，很多政治争端都会以科学作为出发点：全球变暖、干细胞研究。对于这一方面，我们需要做些什么？

尼尔·德格拉斯·泰森：我只能告诉你，对此，我会做些什么。虽然我讨厌这样说，但我已放弃成年人这个群体了，他们已固化了自己的思维方式。我可以对那些仍在教育进程中成长的人产生一些影响。那里，就是我作为一个科学家及教育家能做事的地方。我能帮助教导他们如何思考，如何评判某种主张，如何判断两个人所说的不同内容，如何形成某一水准的怀疑态度。积极的怀疑态度可不是什么坏事，它是件好事，所以我将重心放在下一代人的身上。我不知道，我能对那些已经被固化的成年人做些什么？我帮不到你们。

卡尔文·西姆斯：我们如何改变传授科学的方式？

尼尔·德格拉斯·泰森：随便问个人，他们生命中有多少个老师与众不同，你得到的答案不会超过一掌之数。你记得的那些与众不同的老师的名字，你记得他们做了什么，你记得他们如何在教室前走来走去。你知道为什么你会记住他们吗？因为他们对自己所教授的科目满怀热情。你记得他们，是因为他们点燃了你内心的火种。他们让你对某个之前并不关心的科目兴奋起来，因为他们自己就为这一科目而兴奋。有一些东西能让人兴奋，并能让人选择将其定格为自己的职业，无论是科学、工程学还是数学。那些东西就是我们需要促进的。我们应当把这些东西放进每个教室，而这些东西将改变世界。

中国：新斯普特尼克

尼尔·德格拉斯·泰森：虽然这样说会令人郁闷，但事实就是如此。20 世纪 60 年代，驱动太空项目最为强劲的燃料就是冷战。但在我们这些人的脑海中，冷战绝非我们的驱动力。相反，我们的印象是："我们是美国人，我们是探索家。"得了吧，真正发生的事情是：斯普特尼克在我们屁股下面点了一把火。而我们说，"不行！苏联是敌人，我们要打败敌人。”

卡尔文·西姆斯：现在，中国成为了我们的竞争对手。你会不会认为，正是经济与军事目标，尤其是2003 年中国人进入了轨道并无限接近抵达月球这些事驱动了美国雄心勃勃的新兴太空积极性？

尼尔·德格拉斯·泰森：中国将自己的首个太空人送上轨道的时间是2003 年10 月。几个月后，美国接踵而至地突然公布了一系列文件，清楚表述了“太空展望”。这两个事件在发生的时间上确实相近，这些文件包括了布什政府2004 年1 月的太空探索构想、1 月的一项行政命令（这项命令构建了一个主席委员会，用以实施美国空间探索策略），以及2 月的NASA 太空探索构想。然而，构想中并未提及，“我们担心中国人，所以请把我们的人送回轨道上吧。”如果在整个政治氛围中丝毫未考虑上述问题，政府即签署了这些文件，那显然是不明智的。我确信，我们从未停止过对自身竞争能力的忧虑。我们不能忘记，这一构想的宣布距离我们失去哥伦比亚号航天飞机尚不足一年。正是这一事件的发生，大家开始产生了疑惑：NASA 在载人计划上到底做了些什么？做得怎样？为什么我们一直用生命冒险，却总是在这一个区域原地打转？如果你要提着头来做这些事，干吗不去一些从来没人去过的地方？我们并不反对风险：我们只是觉得，人所冒的风险应与其要达成的目标相匹配。

卡尔文·西姆斯：中国人超过我们有多远？我们重新登月能打败他们吗？

尼尔·德格拉斯·泰森：在美国与其他国家的许多比较性统计数据中，我特别“中意”的一个是，在中国那边有科学素养的人数超过了美国这边的研究生数目。我还在总统航空航天顾问团工作时，曾前往世界各地，针对我们航空航天工业展开竞争的领域，对世界整体经济形势进行了研究。中国恰好在那一系列的旅程中。2002 年，我们与中国政府官员和行业领导人进行了会晤（他们都有着美国工程类大学的教育背景）。

他们告诉我们，“我们近几年会送一个人去太空。”当时的我们并不惊奇，因为我们看到了他们各种渠道的资源都在为之努力，我们看到了他们是如何衡量国家荣誉的，我们看到了他们如何将这一行动视作经济推进器。他们正以饱满的精神投入到自己的事业。而在我们的国家，许多人对航天人的工作并不关心。

卡尔文·西姆斯：我们前往太空后，是否会产生太空军事化或多国太空殖民？

尼尔·德格拉斯·泰森：我们有大量的太空资产：通讯卫星、气象卫星、其他的卫星。如何保护我们的资产，曾有过相关的讨论。人们提到了太空军事化吗？他们提及了激光与炸弹，显然，这确实是太空军事化。如果那是大势所趋，可不是什么好事。军事化会玷污我们的构想，我们的构想是探索。在人性中，没有什么比探索更纯粹了。

失去科学前沿阵地

卡尔文·西姆斯：虽然美国仍在世界上保持着科学与技术的主导力量，但国外的竞争对手正迎头赶上，是这样吗？

尼尔·德格拉斯·泰森：并不是我们在丢失自己的前沿阵地，而是其他人正大步追赶着我们。20 世纪 50—70 年代，美国持续地为技术前沿注资。那段时间，我们能一直站在世界的前沿。所有人都在追赶我们，并在追赶过程中使相关领域得到进步。现在，是时候给我们自身加大投入了。我们的国家是世界上最大的经济体，重新达到我们曾拥有的科技领袖地位并非是不可触及的目标。

卡尔文·西姆斯：现在的实际情况是，科学与工程学领域中的学生越来越少。我们的科学与技术领域中的中坚力量，多数人来自国外。这是我们当下需要关心的问题吗？

尼尔·德格拉斯·泰森：对此，我并不在意。就本质而言，我们的科学与工程教育渠道中，一直存在一定比例的外国学生，这样的现象已存在了几十年。存在外国学生并非问题，真正的问题是——外国学生群体离开美国，带着他们的专业知识技能回归他们的祖国或去往世界上别的地方。

卡尔文·西姆斯：这样的事发生了吗？

尼尔·德格拉斯·泰森：是的，正在发生。20 世纪 80 年代，大批外国学生来到美国并驻留下来。我们对他们的学习进行了投入，他们用自己的创造力和创新成果回报我们，他们成为了美国经济的一部分。

卡尔文·西姆斯：那么，为什么他们现在想回家？

尼尔·德格拉斯·泰森：因为世界上别的地方正快速追赶，并无限接近我们的水平。今天，他们回国或许能为他们带来更多的机遇和财富，其环境甚至能超越美国。

卡尔文·西姆斯：对科学而言，增加与激励科学能力不是正确的吗？这不正是你乐于看到的吗？

尼尔·德格拉斯·泰森：那得看你何时将我抓来做专访，接受专访那天我持有何种立场。从保持美国的强大、健康与富裕的角度看，结论很简单。从科学家的角度看，我关心的只是科学前沿，并不关心它源自于哪个国度。科学家总想亲临前沿，科学不会被国界隔离。在某种程度上看，科学必须是跨国界的，因为不同国度的科学家们使用着同一种语言。我们的方程式是一致的，与你在大洋的哪一岸并无关联，与你何时何地写下这些方程更无关联。从根本上看，更多人从事科学，更多国家具有科学研究的能力，对科学而言是好事。

7 为什么探索

与别的动物不同，躺下睡觉会让人类感到舒服。正是这一简单的事实，为我们提供了无垠的夜景，让我们能梦想自己在宇宙中的位置，让我们去疑惑世界之外还有什么等待着我们去发现。也许是我们体内的某个基因在起作用，这个基因驱使我们去探索，去往山谷的另一面，去往大海的另一边。穿越穹宇的真空之后，谁在那里等待着我们。不管原因如何，这一基因的效果促使我们无休止地期盼着探索的计划。我们的脑海，我们的心底完全明白，新的航程与愿景会为我们的文明带来怎样的价值。如果没有新的航程与愿景，我们的文明必将停滞不前，我们的种族必将凋零。

8　疑惑的剖析

今天，我们感到许多事情存在不确定性：我们不知道自己是否能按时上班，我们不知道从互联网下载的玉米粉小蛋糕食谱是否有用，我们不知道自己是否会在抵达下一个加油站之前烧完了汽油。“疑惑”作为不及物动词（英语中一种词型）时，它只是句中的一个单词。“疑惑”作为名词时，它表达了人类情感中的最高能力之一。

当我们遭遇无法解释的事件或想法时，人类中的绝大多数会不时地感受到困惑。对世间那些美好与庄严的事物，我们通常怀有与之匹配的敬畏，这种敬畏会将我们拖入沉默呆滞的深渊。需要注意的是，这并非因为人类具有感受情感的天赋，而是因为自然拥有非同凡响的力量，自然本身可在我们所有人的内心激扬起相同的情感。

探索宇宙的前缘，科学家们虔诚冥思，思索着宇宙间那已知与未知的边界。这一冥思似极了那些沉浸于宗教冥思之中的人所表达的思想。然而，许多冥思并不会为冥思者带来结果，一些创造性成果也因此与冥思者不告而别，留下的只是盘旋其上的情愫。

人类奋斗的动力有三要素：科学、宗教与艺术。其中的每项要素都为我们“疑惑”这种感受的缘由提供了强劲的解释，疑惑的感受与神秘相关。在神秘消失的地方，不会再有疑惑。

在瞻仰一项伟大的工程或建筑作品时，出于尊敬，有人会为科学与艺术间那卓尔不群的交融而驻足。这一宏大的项目，能让我们向着宇宙高调宣扬，我们已掌握了自然的力量。曾经，自然力量只会使我们疲于奔命——我们除了寻找食物与庇护之处以外，无暇他顾。

不可避免地，“新的疑惑”终将替代“旧的疑惑”，“现代化的神秘”必然替代“古老的神秘”。我们必须确保以上观点能永存不息，因为我们唯恐自己的文明在时空中止步不前。2 000 年前，我们不明白自己的星球是如何在夜空中运行的，这一疑惑困扰了祖先们太长时间。古希腊亚历山大学派数学家、天文学家克劳迪亚斯·托勒密（Claudius Ptolemy）凝视星空时无法抑止心灵的敬畏，因此他写道："当我荣幸地追溯天国星光的来龙去脉时，我的双脚不再脚踏实地。我站在了宙斯的高度，用仙肴满足了自己。"

今天的人们不再为行星的运行轨道感受到满满的诗意，因为艾萨克·牛顿在 17 世纪时用他的万有引力定律解决了这一神秘。牛顿定律如今进入了高中物理学课堂。它简单明白地提醒着我们，无论人间或是天堂，探索之路将永无止境。自然的困惑、人类创造力的好奇心是无垠的，探索要求我们不时地进行重新评价，不断寻找真理。

9　生日快乐，NASA

亲爱的 NASA：

生日快乐！也许你并不知道，我们同龄。1958 年 10 月的第 1 周，国家航空航天法令将你诞生。那天，你成为了一个民用航天机构，而我的母亲生下了我，就在布朗克斯东区（East Bronx）。所以，从我们年满 49 岁后开始，持续了全年的 50 周年庆典给了我一个坚定的理由，深思我们的过去、现在及未来。

当约翰·格伦首次到达环绕地球的轨道时，我仅有 3 岁。我 8 岁时，你在阿波罗 1 号太空舱发射过程中起火，因事故失去了查菲（Chaffee）、格里索姆（Grissom）与怀特（White）。我 10 岁时，你让阿姆斯特朗与奥尔德林在月球上着了陆。我 14 岁时，你完全停下了去往月球的行动。在那期间，我为你、为美国而激动。这段战栗般的具有代入感的旅程，在很多人的脑海里普遍存在，在我的情感中却全无影踪。显然，当时的我太小了，无法理解它们的真实意义。或许是我的肤色太深了，你们无法将我想象为史诗般的太空冒险中的一分子。你拥有的最著名的宇航员均为空军飞行员，即便他们因战争而变得越来越少。

20 世纪 60 年代，与你们相比，民权运动对于我来说或许更实在。事实上，1963 年，副总统约翰逊（Johnson）曾下达过官方指令，要求你们在阿拉巴马州亨茨维尔（Huntsville）那享有盛誉的马歇尔航天中心（Marshall Space Flight Center）聘用黑人工程师。我在你的存档中找到了这些信件。你还记得吗？时任 NASA 局长的詹姆斯·韦伯（James Webb）给当时的首席工程师德国火箭先驱韦纳·冯·布劳恩（Wernher von Braun）写过信，他领导着整个载人航天计划中心。信件中，韦伯就这一地区“黑人欠缺平等雇佣机会”的状况，对冯·布劳恩进行了直白且大胆的指责。同时，提出要与当地的阿拉巴马农机大学及塔斯克基大学合作，以支持、培训及招募合格的黑人工程师进入 NASA 亨茨维尔大家庭。

1964 年，你我均不足 6 岁，我的家庭通过精挑细选圈定了新落成在布朗克斯弗代尔（Riverdale）区的公寓小区。在小区外面，我看见了参与罢工行动的纠察员。他们正抗议着，试图阻止包括我们在内的黑人家庭迁入那一区域。他们的努力失败了，这让我很是开心。或许如预言般的，在这些被称作天景公寓的建筑物顶，在那高于布朗克斯 22 层的屋顶，能让我在后面的时光中将望远镜瞄准宇宙。

在民权运动中，我父亲很是积极，他在纽约市琳赛（Lindsay）市长手下工作。当时，“内城”被称为贫民区，我父亲为居住在这里的青年创造工作机会。在年复一年的运动中，这一行动遭遇的阻力从未停歇：贫穷的学校、糟糕的教师、匮乏的资源、偏见性的种族主义，以及遇刺的领袖。当你正庆祝从水星到双子座到阿波罗的一系列太空探索的月度进步时，我正看着美国竭尽所能地排斥我的身份，打压着我对美好生活的期望。

我期盼着你的指引，期盼着你能给予我一个能为我的雄心壮志提供能量的新视野。然而，你缺席了。当然，我不应因社会的不幸责怪你。你的行为是美国的习性体现出的症状，是结果而非原因。我心里非常明白。在我和我的同事们中，我是当年那代天体物理学家中，唯一不曾因你在太空中的成果而确立理想的人。我的成就，正是忽视你在太空中的成果而造就。我的灵感，并不来源于你在太空中的成果，而是来源于图书馆、书店中打折的宇宙学书籍、置于屋顶的望远镜，以及海登天文馆。经历了在学校里数年的教育与起跑后，在这个不欢迎我的社会中成长为一名天体物理学家的道路显然布满荆棘。事实上，我的确成为了这样的一名专业科学家，我成为了一名天体物理学家。

在之后的几十年，你经历了长途跋涉，包括最近一项由总统发起并得到国会批准的构想声明，最终让我们重返近地轨道甚至以外区域的梦想得以实现。那些尚不明白这项冒险真正意义的人，他们终有一日会明白：别的发达国家或发展中国家在技术与经济实力的各个方面正快速追赶并超越我们。此外，今天的你看上去更美国了——从高级管理人员到你所拥有的功勋宇航员。恭喜！现在的你属于全体公民。让我记忆犹新的事例发生于2004年，公众接收了哈勃望远镜，接收了这项你最为钟爱的非载人计划的所有权。我深深地记住了那一刻。当时，公民们旗帜鲜明地各抒己见，最终，推翻了这一望远镜或许无法获得维护而减寿的威胁。哈勃带来的卓越的宇宙图像向我们倾诉，安装与维护哈勃的太空舱宇航员向我们倾诉，那些受益于它的数据流的科学家们向我们倾诉着哈勃的成就。

不仅是这样，我甚至还进入了你最为信任的队伍，因为我就在你的顾问委员会中兢兢业业地干活。我渐渐意识到，当你进入自己的最佳状态，这个世界上再无任何事物能像你那样激发一个国家的梦想——由一群野心勃勃的莘莘学子搭建而成的梦想，他们渴望成为科学家、工程师以及技术专家，并为有史以来最伟大的探索贡献力量。

我想让你知道，我知你一切的痛，享你所有的乐。我无比期盼着见到你重返月球，但请务必不要止步于此。火星召唤着我们，还有更多更远的目标召唤着我们。

生日快乐，兄弟。即使我未曾从你诞生就充当着你最谦卑的仆人，但至少现在我能保证。

尼尔·德格拉斯·泰森

天体物理学家，美国自然历史博物馆

10 太空的未来50年

不反思之前的50年，讨论太空中的下一个50年将非常困难。我正好出生在NASA成立的那周，即1958年10月上旬。这意味着，我对世界的最早记忆始于20世纪60年代。当时，太空的阿波罗时代已然揭幕，那也是整个国际形势风起云涌的10年，美国也未能独善其身。我们在南亚进行着战争，民权运动如火如荼，暗杀时有发生，而NASA正向月球迈进。

彼时，无论选择宇航员的标准如何改变，一定没有我的份。我显然不符合他们需要招募的人的肤色。同时，宇航员通常从军队中选拔——其中只有两个例外：其一是尼尔·阿姆斯特朗，他是民航试飞员、航空学工程师，即阿波罗11号的指挥官，也即首个在月球上印下足迹的人类；其二是哈里森·施密特（Harrison Schmitt），他是地质学家，也是唯一一名前往月球的科学家。那次任务成为了美国的最后一次月球任务，阿波罗17号。

在那个动乱的10年间，最混乱的是1968年。也正是那年，阿波罗8号成为了首艘离开近地轨道的太空船，前往了月球。那次航程在那年的12月开始。在阿波罗8号进行8字轨道飞行时，它的宇航员拍下了世界上有史以来最为公众熟知的照片：当宇宙飞船从月球远侧一面的后方冒出头来时，宇航员拿出了相机，从指挥舱的窗户向外进行了拍摄，拍到了地球在月亮的地平线上升起。从那时起，那幅图像被命名为《地出》。它是人类第一次在宇宙中的另一天体观看地球。它既令人兴奋又令人自卑，它既绚烂美丽又略带恐怖。

强调一下，《地出》这个名称或许会带来误导。地球对月球形成了潮汐锁定，这意味着月球将永远只有一面朝向我们。这里，我们的主观意愿太强烈，我们是以在地球上的观察者观察月亮升起角度人为设置了观察者在月球上观察地球升起的场景。事实上，如果在月球近地面去观察，地球将永远无法升起。它将一直悬浮于天穹。

20世纪60年代还发生了一个重要的事件，大多数人应该能记起那次苏维埃及美国飞行员进行的旅行，他们共同开展了机器人任务。首先出现的月球车是俄国的月亮9号与月亮13号。美国的游骑兵7号成为了首架拍摄月球表面的美国太空飞船。但今天，那些机器人似乎早已被公众遗忘了，尽管它们是我们在太空中的首批机器人先驱。它们被遗忘的原因是因为有更大的故事被爆料：当人类使者执行探索时，人们会对太空前线正发生的事情有更多的代入感。

我在美国长大，我们习惯于思量“明天、明年”“接下来的5年、接下来的10年”之类的事，这甚至是种流行的消遣方式。如果你对某人说：“喂，你要做什么?”他们不会告诉你，他们今天要做的事情，他们会告诉你他们的未来计划：“我在攒钱，准备前往加勒比海（Caribbean）旅行”，或者，“我正准备购买一栋大点的房子”。人们总是展望着未来。

在这点上，美国人大多数具有共性。在我曾去过的一些国家中，我与一些不惯于思考未来的人进行过交谈。一个国家的国民不习惯思考未来，通常，这个国家就不会设置太空项目。太空是一个前沿话题，它能持续地激发你的梦想和发现，发现是人类基础属性中很重要的一部分。

在世界历史长河里，任何民族、任何文明（甚至包括没有文字的文明）都会以某种形式的故事讲述他们的诞生，讲述他们与已知宇宙的关系，无论这个内容是虚构或真实。这些故事可不是什么新鲜事，它们代表着古老的探求。

人类是极少数躺着睡觉且觉得舒服的动物之一，我们总在夜晚入睡。你躺着睡觉时，半夜醒来会发生什么？你会看见星星。也许，在整个地球历史中，我们是唯一对星星充满好奇的动物，唯一对新事物充满疑惑的动物。

太空推特9号@泰森

夜晚就是我们的天下。嫁给宇航员吧——他们夜晚的行踪，你总是知道的（夜晚能够通过望远镜看见空间站）。

2010年7月14日早上6：08

今天，当我们畅想太空中那些遥远的星体时，我们会制订可行的旅行计划。我们已实现了月球登陆，现在，我们谈论着火星登陆的可能性。当然，20世纪是首个具有太空探索的科学方法与工具的世纪，能让我们不再用神话故事回答那些古老问题（我们从哪里来？我们到哪里去？我们在宇宙中处于什么位置?）的世纪。我们已获得了很多答案，并不简单地因为我们去了月球或其他目的地，还因为太空给予了我们浩渺的距离。同时，月球或其他目的地也给我们提供了一个处所，使我们能中转宇宙间的访问。

宇宙想告诉我们的那些信息，通常不会抵达地球表面。如果不是望远镜被送上了太空，我们对黑洞的理解将一无所知，我们对宇宙间四处充斥着的X射线、伽马射线或紫外线的爆发将一无所知。尽管在我们的视野下，大气层是透明的，但大气层却阻挡了太多事件。如果我们没有太空中的可见光和红外巡天望远镜（包括望远镜、卫星、空间探测器），使我们能在不受地球大气干扰的条件下进行天体物理学研究，我们对宇宙的认知将会一无所知。

我在思量太空探索的未来，绝未考虑近地轨道——那块位于我们星球表面不到2 000千米的区域。我认为，那里并非太空，尽管在20世纪60年代它还代表着前沿。今天，近地轨道已变为平常。虽然它仍然充满了危险，但它却不再是太空前沿。请将我带去新的地方，我可不想绕着一块地方打转，我想做更多的事情。

是的，月球是目标；火星是目标；拉格朗日点（类地球与月球或地球与太阳的旋转系统中，万有引力与离心力形成平衡的地方）也是目标。在那些目标地，我们希望能建造一些东西。我们曾有过类似的经验，比如：国际空间站。那是迄今为止在太空中的最大建筑，丝毫不逊色于曾在地球上建造过的大多数经典的大型建筑。

生活在美国，在纽约城，我将一些特定的东西视作理所应当。如果你问我，什么是文化？我会说，文化是我们以一个国家、或一个组织、或一座城市、或一个地区的居民为整体，在非刻意的情况下去做的所有事的集合（我们的意识中，认为的理所应当的事的集合）。比如，我是曼哈顿区（Manhattan）人，我路过一幢70层高的建筑时不会有丝毫惊讶。然而，从世界其他地方来到曼哈顿的游客则会不停地抬头张望。所以，我时常自问，其他国家的人会对什么习以为常？

上次访问意大利，逛超市时我看见了整排货架上都堆着意大利面。我之前可从未见过类似景象。在美国，从不会有意大利面如此摆放。我问了我的意大利朋友，“你们注意到这个细节了吗？”他们回答，“没有啊，那不就是意大利面货架么。”我可不只关注货架。

在美国，平凡的物品也不会缺乏来自太空项目的符号。你可以买到外形像哈勃空间望远镜的冰箱贴。你买的创可贴盒子上不仅能看到蜘蛛侠超人，还能看到黑暗中闪耀着的星体。你可以买到被切成宇宙中那些有趣形状的菠萝。这就是我们文化中习以为常的太空元素。

太空推特10号@泰森

美味的宇宙：玛氏棒、银河棒、月亮派、易极口香糖、傲白口香糖、新奇士橙、天体调味茶。嗯，还未包括以天王星命名的食物。

2010年7月10日上午11：28

几年前我所就职的委员会的任务，即分析美国航空航天工业的未来。在非常困难的时期中，这一产业每况愈下。我们去往世界各地，考察与美国工业相关的他国经济形势，那样我们才知道如何重夺主导地位，给美国国会与航空航天工业提出建议。

我们去了西欧的许多国家并一路向东，最后一站是莫斯科。在我们访问的地方中，有著名的星城（Star City），俄国宇航员的培训中心。那里有座纪念碑纪念着尤里·加加林（Yuri Gagarin）。我们共饮伏特加后，星城的主管开启了休息模式，他解开了领带，通过翻译与我们谈论太空的事儿。他眼中仿佛有一种光，我也如此，我感到了之前在英格兰、法国、比利时、意大利或西班牙从未体验到的愉悦。

这种感应或许存在必然性，因为我们都曾将人类送上太空，我们都掌握着许多重要的资源。那场双方参与的竞赛，同时镌刻进了俄国与美国的文化。我无法想象，没有这场竞赛，今天的人们会经历什么样的生活。我开始思考，如果有更多的国家参与了那场壮举，世界会怎样。我幻想我们在一个更高的程度上彼此联系——超越了经济的冲突，国别的战争。我不明白，具有高度一致的太空梦的两个国家为何在第二次世界大战之后成为了敌手。

再提一个太空成为流行文化的例子。3 年前，当 NASA 宣布下次对哈勃空间望远镜的维护任务或有可能被取消时，在美国引起了轩然大波。你知道反转这一任务的最大推动力来自谁吗——不是天体物理学家，而是公众。为什么？因为他们一直欣赏着哈勃传回的美丽图像，并将其作为计算机屏保。这些图像的普及，使更多的人感到自己也是太空探索的参与者。最终，在众多的社论、读者来信、脱口秀讨论、国会辩论后，维护任务的资助问题得以解决。公众还获取了哈勃空间望远镜的所有权。这在之前的科学历史中尚无先例（公众获取科学仪器所有权）。这件事情真实地发生了。我断言，公众获取所有权标志着某些东西成为了文化的一部分。

15 年前，我写下了一篇长长的随笔，名为“通向发现的道路”。后来，它成为了《20 世纪哥伦比亚史》中的一个章节。我提出的系统化问题是：驱动世界去探索的力量是什么？在回答那一问题的过程中，我列出了一个清单，收集了有史以来多个文明在过去与现在所开展的最为昂贵的项目。我想看看，是什么因素主导了人类进行那样的支出与财务开销。在列出的项目清单上，有：埃及金字塔、中国长城、哥伦布（Columbus）与麦哲伦（Magellan）大航海，以及引爆了首颗原子弹的曼哈顿计划。它们都有哪些共同点呢？3 个——不是 10 个，不是 20 个，只有 3 个。

3 个共同点中，最强力的因素是战争。战争时，金钱总会得到保障。如果你想文雅一点，我们可以称呼战争为防御，但本质上它仍是战争。

第 2 个共同点，可观的经济回报。

第 3 个共同点，伟大的埃及金字塔与神圣的欧洲大教堂落成的幕后动力，皇家或神灵的荣耀。相比过往，它们在今天已渐渐淡化。

鉴于此，如果你要去火星，或者想开展其他什么雄心勃勃的太空项目，显然应从历史上的财富支出中去搜寻线索——除非你认为今天之文明与此前之文明本质上有所差异。尽管这并非我的希望，但我只能这样去解读：如果你要做些浩大且靡费的事，必须满足前面提到的 3 条标准因素之一。否则，断无实现之可能，除非是在梦中。某些情况下，这一靡费的项目需要持续数年的时间。与之相较，经济与政治周期的稳定通常难以长时间持续。任何经济制度与政治制度的组合都有衰退期，而此类项目要求这一组合需在衰退期内完成——事实是，多数组合做不到。

是的，当所需资金低于某个阈值时，项目几乎都能得到资助。在美国，这一阈值就是 20 亿美元。发射哈勃空间望远镜时的资助是 15 亿美元。不同的国家有不同的阈值。

为了战争而去太空，那一定是个糟糕而愚蠢的原因。皇权或神明的荣耀显然不会为这些特定的项目买单。那么，可观的经济回报则成为了最重要的原因。事实上，旅游早已成为经济消费的无底洞之一，即便穷人也愿花钱买开心。看看游乐场，有多少钱花在了“玩过山车体验失重以及那种能甩断头颅的加速感”。少数富翁早已花钱预定了座位，希望能去太空中体验新式旅游，可以肯定的是，还会有更多人接踵而至。我认为，如果缺少了经济因素的驱动，欲将太空旅游演变为真正的旅游产业必然缺乏产业升级的力量和经济的稳定支撑。

我已表述得很清楚了，不过，这里还要注意一些问题。这些问题虽非战争，但我们能言之凿凿地将之称为防御。这些问题与那些朝我们扑面而来的小行星，以及使我们全球平均气温升高的温室气体相关。

今天，许多国家都拥有了地球监测卫星。从定义上看，我们知道，它们几乎都是指向地球的。新的问题来了，当所有人都忙着看地球时，某个小行星或许正从我们的背后袭来。在我们发射的卫星中，至少应有一部分指向另一方向。如果地球存在温室效应，人们为何不去观察金星，因为金星的温室效应会使它的表面温度接近500摄氏度。人们还需要进一步探究，金星上有什么机关，使它能达到如此高的温度。火星曾有过流动水，而今天，它却极度干燥。我们需要弄明白，火星上的流动水经历了什么，失水可是一种致命威胁。我们还需要监控那些与地球轨道交汇而过的彗星，因为彗星的碎片流有冲向地球的可能且能摧毁我们的通讯卫星。

我们不能只关注地球。我们的星球并非一座孤岛，遗世独立地存于宇宙。我们的星球是宇宙间的一分子。

我想告诉你们一个明确的观点：我们必须让那些冲我们而来的小行星偏离航向。我们知道，小行星中有一颗宽300米的家伙，我们将它命名为毁神星，我们用了一位掌管死亡与黑暗的希腊之神给它命名。2036年4月13日，它会有百万分之几的机会撞击太平洋。不过在那之前，毁神星会在2029年4月13日与地球擦肩而过——一个星期五。那次邂逅，它与地球的距离将比地球轨道上的通讯卫星还要近几千米。北欧将会成为最佳的观测地。到了2036年，它再次靠近地球时会给我们带来滔天大祸。就此事件，我们将在2029年得到更为明确的结论。

宇宙赠予我们的撞击将穿越地球这艘巨舰的舰首，我在仔细思量这一景象的同时，忆起了我在星城与俄国同行交谈时所感受到的共通性。人类有许多相同的梦想，我们都在思考明天。如果每人都思量着明天，上九天揽月的目标终将实现。

太空推特11号@泰森

让NASA来一场“月球海岸”的真人秀节目，收视率会不会超过“泽西海岸”呢？这个问题的答案将决定文明的未来。

2011年5月16日上午8：18

11　我们为何需要太空项目

朱丽娅·盖里夫（Julia Galef）与马西莫·皮柳奇（Massimo Pigliucci）
为《理性发言》所做的播客访谈

朱丽娅·盖里夫：今天来到我们演播室的是尼尔·德格拉斯·泰森，天体物理学家，海登天文馆馆长。尼尔来到我们的节目，重点谈谈今天的太空项目状态——当下太空项目的目标以及太空项目会给社会带来什么好处？同时，它未能给我们带来好处的那部分工作依然消耗了纳税人的税金，对此如何评判？或者说，我们该如何评判太空项目中未能产生实际利益的科学？

尼尔·德格拉斯·泰森：在谈论我们的话题前，我再次提醒听众，也是一种警示。在新的NASA预算上，奥巴马政府对NASA资助目标的结构作了根本性的更改。其中，一些是好的；一些不好不坏；一些遭到了严重批评。有一项资助项目未受到任何刁难并广受赞誉，即让NASA尽快离开近地轨道，并禁止这一项目中的任何私有化行为。

NASA以推进太空前沿为使命。近地轨道距离地表200英里（320千米）高。那里是国际空间站的轨道，也是我们的太空舱曾经前往的地方。今天，那里已不再是前沿。

过去，政府打造新产业，通常是在资本市场重视这些产业之前进行初创投资，初创投资具有高风险。也即，将革新的想法转化为发明，发明转化为专利，依靠专利挣钱。通常，只有在风险受控且得到资本市场理解的情况下，市场开始兴旺。今天，近地轨道已支撑了相当多的商业市场，包括所有依赖于GPS、直播电视，及其他卫星通讯的消费产品。这标志着近地轨道项目已有了成熟的商业属性。显然，现在的NASA应该从那些商业领域中全身而退，那里不再是前沿，NASA 必须放弃它。

马西莫·皮柳奇：既然说到了近地轨道，我想问问，从它的建立到今天，太空站在上面到底做了些什么？

尼尔·德格拉斯·泰森：除了南极洲勘测行动，太空站或许是世界上有史以来最优秀的国际合作案例了。多个国家曾共同南下南极洲进行协作科学研究，却没有任何国家在那里圈地。当然，也许是因为没人愿意居住在那里。这或许助推了科研工作的协作：没人愿意成为光杆司令。南极洲不仅是个漂亮的地方，也是一个独一无二的能开展某些特定类型的科学研究的地方。部分原因是因为——它的寒冷，空气温度极低；地理位置上南极极点附近海拔极高，可避开大部分的大气层。这两个因素都能削减大气对夜空观测的干扰，故而，大量的天体物理学家开始前往南极极点。

南极洲是大型国际合作的一个领域，我想强调的是，国际空间站也同样是这样的一个领域。国际空间站证实了国际合作能参与到重大项目中；也证实了人类可以在太空中建造物体。曾经，我们要建造一个望远镜或者别的什么硬件设施时，均需要拥有一块平坦的地面以作支撑。现在，我们意识到，平坦的地面意味着重力的存在，意味着必须用某种建筑结构去支撑我们要建造的物体的重量。如果将这件事平移到轨道上，你会发现所有东西皆无重力。国际空间站是一项了不起的工程学成就。在国际空间站上，不同的国家拥有属于自己的模块，也即他们进行科研的地方（日本有一个；欧盟有数个）。在那里，他们有自己的空间实验室，开展着自己的经过同行评议的研究。

马西莫·皮柳奇：假如私有化会替代政府对研究进行资助，你是否认为，国际空间站应排除在这些资助之外？

尼尔·德格拉斯·泰森：目前并无必要将空间站私有化。当然，可以将其使用进行私有化。可以对前往空间站的行程进行售卖，为什么不呢？在政府的新计划中，空间站旅行的确是私有化爪牙初现的征兆。不过，也有一个让奥巴马招来指责的事情，他取消了 NASA 重返月球的计划。

月球是个有趣的地方——首先，它很近；其次，人类曾经去过那里，这意味着我们再次成功的信心更大。相比之下，往返火星的旅程涉及更多危险和不确定性。将宇航员送出地球磁场的保护毯，也许会将脆弱的他们置于太阳光芒所产生的电离辐射之下，而电离辐射产生的高能带电粒子可进入人类的机体并使机体的原子电离。

马西莫·皮柳奇：那么，你希望看到月球作为火星任务的中转站吗？

尼尔·德格拉斯·泰森：不！前往火星的旅程最好不做中途停留，因为着陆需要耗费能量。以月球为例，一旦我们有了足够的速度前往月球，只有即将抵达目的地时才能减速，不能有任何中途停顿的想法。减速需要燃料。如果月球有大气，我们还能利用大气为自己减速，就像太空舱所做的那样。这也解释了为什么太空舱需要著名的“隔热瓦”，因为隔热瓦能阻隔太空舱进入大气时所产生的热量。如果我们没法阻隔这种因运动而产生的能量，太空舱会遭到焚毁，或是无法停下。

太空推特 12 号@泰森

仅供参考：如果你用火焰喷枪将太空舱的隔热瓦烧红，隔热瓦会在你将喷枪放下的瞬间降回室温状态。

2011 年 3 月 9 日上午 11：34

因此，对宇航员来说，去往火星的征程非常危险。

谈谈你需要随身携带什么？如果你打算陆路前往加利福尼亚，你会将自己的超级邮轮拖在车尾吗？你会带上农场吗？不会！因为你坚信一个事实：路途中，快客超市无处不在，你能随处找到燃油补给并购买食物。

在太空中生活、工作的远期目标，必然需要对太空中已存在的资源进行开发。奥巴马的国家太空政策提到过，我们应当继续研究发射工具及火箭技术，让我们有朝一日能抵达火星。但那天何时到来？无法确定。而这一不确定的问题让人非常不爽。

去月球？还是火星？如果让我们在这二者之间做选择，多数科学家会选择火星。也会存在一些重要的不同声音，不过，我强调的是多数科学家的选择，包括我自己。火星上有大量关于流动水存在过的历史证据，还有证据指向泥土中存在因水流而于近期形成的沟渠。火星上有甲烷，从一座峭壁的一侧泄漏而出，这也是近期测量的结果。驱使科学家选择火星的一个重要原因是它那迷人的地质学（或许我们应称其为火星质学，因为“地”特指地球）。我们在这颗行星的表面探索，探索的核心是寻找生命的痕迹。因为在地球上，一切有着或有过水的地方，都有生命。

朱丽娅·盖里夫：你能谈一下，相较于用机器人探索火星，人类探测火星有何种优势？

尼尔·德格拉斯·泰森：没有优势，这就是简洁的回答。我可以谈谈这二者间的细微差别。无论去往任何地方，向目的地派送一个人的成本比派送一个机器人的成本高20—50倍。如果你是热衷于科学成果的科学家，而且还是一名来自奥林匹斯山的攀岩粉丝，假如我告诉你：“我可以把你送上火星，让你带着岩锤，也许还有几样测量用的机器，但我只能送你一个人上去；我也可以资助三十个巡游车，全都携带有本来要配备给你的那些测量机器，降落至你在火星上的指定地。”你会如何选择？

马西莫·皮柳奇：这答案对我来说，无须考虑。

尼尔·德格拉斯·泰森：科学地讲，是不伤脑筋。不过，这也正是问题所在。正是基于成本的不同，任何一个有良心的、对科学结果感兴趣的科学家都会在这个时候选择后者。欲将人类送往火星就剩下了两个选择：要么，降低运送人的费用，使其与派送机器人相较更具竞争力；要么，不计血本地送人过去，因为人可在几分钟之内完成巡游车需花费整天时间才能完成的工作。究其原因，与程序化的机器人相比，人类的大脑对所见到的东西具有更高的感知力。机器人的程序仅代表人类感知能力的某个子集。如果你是个程序员，你能将某台电脑编译得比你自己还具有感知力吗？我将这个问题留给那些哲学家们。

马西莫·皮柳奇：在历史上，最大、最贵的项目得到了多少资金的资助?

尼尔·德格拉斯·泰森：15 年前，我写了一篇随笔，并将其命名为“通向发现的道路”。这篇随笔作为《20 世纪哥伦比亚史》的一个章节进行了发表。在写这篇随笔时，我做了一个计算。因为我想知道，欲将人类送上火星需花费多少资金。1 000 亿？5 000 亿？不管是什么，它都是昂贵的。

我想，我得去历史长河中找找线索。其他那些花费了如此多成本的昂贵项目（无论人力成本或物力成本）是如何得到资助的？我做好了准备，试图用一本书的文字记录那些项目所采取的方法。

最终结果根本不足以成书。实际上，只有三条办法，即三种驱动力（战争、经济、皇权）。

马西莫·皮柳奇：我们可以请求教皇来资助火星计划。

尼尔·德格拉斯·泰森：原则上讲是可以的。然而，在我们所处的时代，无论国家或是民族，通常不会再采用此类做法。这就剩下了另外两种驱动力，其一是可预期的经济回报，包括：哥伦布大航海、麦哲伦大航海、刘易斯与克拉克的探险，它们都动用了整个社会的主要力量。其二是战争，包括：中国长城、曼哈顿计划、阿波罗计划。所以，后面这两种驱动力就是“我不想死驱动力”（战争）与“我不想穷死驱动力”(经济回报)。

我们都记得肯尼迪总统说过的话，“我相信，国家应当承担起这一任务：在这个10年结束之前，让1名人类成员着陆到月球上并让他安全返回地球。”这些荡气回肠的词汇，激扬了国家的志气。不过这是1961年5月25日在国会联席会议上做的一次演讲，发生在苏联成功地将尤里·加加林送上近地轨道后的几个礼拜。事实上，尤里·加加林是首个抵达近地轨道的人类。肯尼迪的演讲反证了一个事实：美国尚无载人火箭，这种火箭将为人类的太空飞行提供足够的安全性保障。从经济角度，相较于将人类成员送往近地轨道，美国更愿意将卫星送往那里，人们更愿意用些便宜的零件进行实验。

在那次演讲中，在上述那段话之前，肯尼迪还说道，“当前，整个世界中发生着自由与暴政的斗争。如果我们想赢得这场斗争，必须知道那项引人瞩目的太空成就，就像1957年斯普特尼克做到的那样。对全世界那些正抉择着如何站队的人来说，这场太空冒险具有重要意义，它影响着人们选择未来靠向哪条道路。”那是一场以反共产主义为口号的战斗。

马西莫·皮柳奇：这就是一个政治陈述。

尼尔·德格拉斯·泰森：肯尼迪也可以这样说呀，“我们去月球吧。对探索而言，那是一个多么神奇的地方！”但你能预想，这句话没人会买账，计划的实施必须得有人买单。

朱丽娅·盖里夫：是的。当时的苏联就是催化剂，今天变为了中国。中国的太空计划正持续开展中，在接下来的10—15年，中国或许会迅速崛起与我们竞争世界上超级大国的地位。

尼尔·德格拉斯·泰森：又一个“斯普特尼克时刻”。

朱丽娅·盖里夫：就我们之前谈论的话题，这真是个好名字。

尼尔·德格拉斯·泰森：科学一直都不是昂贵项目的驱动力。鉴于一个国家的财富积累状况，通常处于某一水平之下的资金资助可毫无障碍地用于科学，不需强烈的争辩。比如，哈勃望远镜诞生以来，可记录的资金消耗总额为100亿—120亿美元（年平均消费低于10亿美元）。这个价位则明确位于那些针对科学的、非经济的、非战争项目而进行批判的雷达之下。欲将某个项目的花费提升至200亿—300亿美元之上，且在实验之后不能产生出一件新武器，或者不能见到上帝的脸庞，或者也不能发现新油田，它失去资助的风险将迅速增加。超导超级对撞机就出现了这样的情况。美国本将拥有世界上最强的粒子加速器——它孕育于20世纪70年代，并在20世纪80年代中期得到了资助，但在1989年被画上了句号。发生了什么？因为和平降临。

马西莫·皮柳奇：那事儿发生时，我很是烦恼。

朱丽娅·盖里夫：它太不方便了。

尼尔·德格拉斯·泰森：处于战争时，花钱像流水。第二次世界大战在本质上是物理学家用曼哈顿计划赢来的。在原子弹出现之前的很长一段时间，包括后来的整个冷战过程，美国一直维持着对粒子物理项目的全额资助。然后，1989年，和平启幕了。接下来的4年时间，超级对撞机的所有预算均被取消。

现在呢？欧洲说，“我们来接班。”在欧洲粒子物理研究所中，开始建造大型强子对撞机，而我们却只能站在沙滩上隔水相望，嘴里喊着，“能带我们一起玩儿吗？我们可以给你们提供什么帮助？”

马西莫·皮柳奇：我记起了曾听说过的一个有趣的交易。当时，一位参议员正评估超级对撞机的持续资助费用，他向正在国会作答辩的史蒂芬·温伯格说，“非常不幸，我很难在我的立场上支持这一资助，毕竟没人会吃夸克。”随后，温伯格用他惯用的方式，装作在他面前的一张纸上简单地计算起来，并说道，“参议员先生，通过我的计算，事实上，你今天早上刚吃下了‘10 亿 × 10 亿 × 10 亿’那么多的夸克。”无论出现什么情况，其底线正如你所说，大型的基础研究项目必须具备那 3 条原则之一做背景。

尼尔·德格拉斯·泰森：要么，大型项目必须具备那 3 条原则中的某条；要么，大型项目经过了细致审查后得出了其资助未超过容忍上限的结果。

马西莫·皮柳奇：有人可能会问，“就没别的方法了吗?”在某种意义上，这位参议员提出的问题直指要害：如何在我的选区证实它的可行性?

尼尔·德格拉斯·泰森：我声明，即使温伯格当时说出如下话语仍不会对事实带来任何改变，“在该项项目结束时，你们将能得到可观的附带利益。”他当时或许应该说，“在该项项目结束时，你们将得到一件守土卫疆的武器。”这是个著名的回答，我不记得出自于谁，但它非常适用。在那个问答中，参议员曾对科学家说，“这一项目会在哪方面有助于美国的防御?”这就是平铺直叙的关于战争的提问。而科学家则回答，“参议员先生，我不知道它会如何帮助美国的防御，除非你先确定美国是个需要防御的国家。”

马西莫·皮柳奇：如你所知，那个辩论非常精彩，却没啥用。

尼尔·德格拉斯·泰森：是的，它带来了一个很好的话题，但仍没带来资助。我认为，如果我们要去火星，最好的方法是为它找出一个合适的经济驱动力，或者为它找出一个合适的军事驱动力。对这件事，我时常半开玩笑地说，“我们最好能想办法让中国泄露一个备忘，备忘中记录了他们希望在火星建造军事基地的计划。这样，我们或许只需 12 个月就能实现火星登陆。”

朱丽娅·盖里夫：许多最终被证实为有用且实用的科学发现，都是在探索性的研究或一些不相关的研究中偶然获得的。你认为，在太空探索上，我们是否能得到这样的眷顾？

尼尔·德格拉斯·泰森：这是个很棒的提议，但在说服资助方时行不通。因为从科学探索前沿的偶然发现到成熟地策划好市场化的产品，通常存在较大的时间差。这个时间差通常大于那帮划拨经费的人的任职周期。因此，项目很难稳定地坚持下去。所以我认为，在我们为这样的行动找到一个经济上的或军事上的合适理由之前，我们很难登上火星。在那之前，我们或许将一直像现在这样原地打转。

顺便说一下，我知道如何去证实 1 000 亿美元的投资是具备可行性的。但我可能需要一个较长的表演时间。事实上，国会议员给我的“电梯谈话”时间仅有 30 秒，必须利用好这点时间说服他们。我计算了下，我至少需要 3 分钟。

朱丽娅·盖里夫：你可以将电梯停下。

马西莫·皮柳奇：或者，如果你愿意将观点向大众阐述，而不是向着那帮议员的话，你可以这样陈述，“走过路过的，瞧一瞧看一看啊，支持宇宙探索或者天体物理学基础科学研究的理由啊。它不仅是出于我的好奇心哟，也不是因为我想在做自己喜欢的事情时还能领到薪水哈。”

尼尔·德格拉斯·泰森：事实上，我们一直在资助天体物理学研究。不过，我们现在的谈话是关于载人空间计划的内容，那里才是资助应进入的地方。那个领域的预算超出了详细审查的容忍上限，也是唯一的一个。因此，除了诉诸文明史上最强大的驱动力以外，我们没有别的选择。就基础研究的进程而言，我们有了哈勃望远镜；我们在几年间会在火星上有一个实验室；我们现在就有绕着土星打转的卡西尼号宇宙飞船，观测着这颗行星的表面及其卫星，还有它的光环。我们还有另一艘前往冥王星的宇宙飞船。我们设计并建造成了观察更宽广电磁波谱的望远镜。科学问题正被一一解决中。我期望有更多的问题已经被解决了，但它们却正在进行中。

马西莫·皮柳奇：这其中并不包括正由欧洲完成的大型强子对撞机。

朱丽娅·盖里夫：在宇宙旅行中，还有一个潜在的情况我们未曾提及。之前你曾提过，如果我们成为航天种族，我们也许需要将月球与火星变作类似快客超市那样的中续站。你认为，我们希望冒险进入宇宙，改变现今的生活环境，是因为地球在某种程度上已变得不适宜我们居住了吗?

尼尔·德格拉斯·泰森：许多人都认同这样的观点，史蒂芬·霍金就是其中之一，普林斯顿的约翰·理查德·高特（J. Richard Gott）也是这个观点的支持者。我和他们稍有不同。如果我们有能力将火星改造得如地球那样供人类居住，有能力成为多行星物种，我们也一定具备了修复地球的能力。如果我们有能力使火星地球化并实现10亿人口的移民，为何不将地球上的河流与海洋作以改造修理，这似乎更简单有效。

马西莫·皮柳奇：为什么不改造地球?

尼尔·德格拉斯·泰森：感谢你提出的问题。是的，让我们拿出一个可以解决地球问题的秘方吧，我们在地球上实现它。我并不认为在改造修理地球的过程中，将经费全部消耗在太空探索是最佳的方式。

12　通向发现的道路

从发现目标到发现观点

与去年、上个世纪、千年前的社会相比，今天的社会有什么相同？什么不同？收集一张让人印象深刻的有巨大差别的清单很容易，尤其是在医疗与科学成就方面——足够让所有人相信我们生活在一个特别的时代。去留意不同的东西并不难，但要找到保持不变的东西则是个巨大挑战。

在一切技术的背后，不变的是，我们都是人类。与历史记载中的其他参与者相比，我们并未多出什么，也未少了什么。尤其是形成社会的一些基本力量几乎没有改变，就算有改变也缓慢且微量。人类表现出的一些基本行为几乎不变：爬山、发动战争、享受性行为、喜好娱乐、追求经济与政治力量，以及对“年轻人”的无休止的抱怨。

> 如今，我们的世界在堕落……充斥着贿赂与腐败，儿童不再听父母的话，每个人都想写本书，世界末日即将来临。
>
> ——亚述人木板，约公元前2800年

爬山的原始渴望并非全人类皆有，但人类对发现的渴望却具有共通性。这一渴望可能会驱动某些人去爬山，驱动某些人去发明烹饪的方法，而这一渴望正是千年以来藏在社会变革背后的独特原因。可以说，发现所累积的历史，正是文明所能宣称的成果。因为发现是唯一构建于其自身之上的事业，代代相传相守，拓展着人类对宇宙的理解。在你的意识中，不管世界的边界是海洋的另一面，或是银河系的另一面，发现始终贯穿其中。

发现，使人类可对现存已知的知识点与刚获得的新发现作比较。成功的先验发现通常有助于揭露随后的发现。找到某个与自己经验中不相似的东西，构成了个人的发现。找到某个与全世界已知的物体、生命形式、实践经验，及物理过程等的集合都不相似的东西，则构成了全人类的发现。

在“查看我找到的东西”之外，发现的行为也许还能有很多种形式。历史上，发现即为人们在茫茫的海洋之旅中乘风破浪去往未知地。当他们到达一个目的地时，他们能近距离地看到、听到、嗅到、感觉到，以及品尝到那些在遥远的地方无法办到的事。这就是地理大发现时代，贯穿了整个 16 世纪。当世界被探索完毕，大陆地标均出现于地图时，人类的探索将不再聚焦于航海，而转向了思想。

17 世纪的晨光带来了两项几乎同时出现的发明，它们是有史以来最重要的科学仪器：显微镜与望远镜。（在 88 座星座中，有 2 座以它们的名字命名：显微镜星座与望远镜星座。虽然，这并不能完全说明其重要性，但也是一个侧证。）随后，荷兰眼镜制造商安东尼·范·列文虎克（Antoni van Leeuwenhoek）将显微镜引向了生物学世界，意大利物理学家、天文学家伽利略·伽利雷（Galileo Galilei）将自己设计的一支望远镜指向了天空。在二人的共同努力下，一个全新的、由技术支撑发现的时代拉开了帷幕。凭借着这些工具，人类的感知能力得到了延展，用前所未有的甚至是旁门左道的形式展现着自然世界。细菌与其他一些东西，只能通过显微镜发现其存在。这些低级生命所带来的知识超越了人类之前的经验边界。伽利略提出太阳有黑子、木星有卫星、地球并非所有天体运行的中心。这些事件在事实的层面上动摇了几千年来天主教派所坚持的亚里士多德学说，结果是伽利略遭到了软禁。

望远镜与显微镜的发现挑战了“常识”。它们改变了发现的本质，以及通向发现的道路。“常识”不再是理智研究中的有效工具而为人类接受，我们肉体的五感感知显然不够可靠和准确。要理解我们的世界，需要可靠的测量结果，这种结果或许会与人类先入为主的见解不一致，这些结果应当来自谨慎且精确地开展的实验。科学假设、无偏倚测量及重复测量具有前所未有的重要性。在此之后，我们可以将装备不良的外行拒绝在现代研究与发现的圈子之外。

发现的动机

旅行仍是历史上大多数探险家的首选方式，因为技术还未先进到允许他们有别的方式、别的途径去从事探索。对欧洲探险者来说，发现新东西非常重要，以至于他们时常宣布的“发现”其实是已被“发现”的、已被插上了庆祝旗帜的地方。

什么驱动我们探索？1969 年，阿波罗 11 号宇航员尼尔·阿姆斯特朗与小爱德文·巴兹·奥尔德林（Edwin Buzz Aldrin Jr.）在月球上完成了着陆、行走与嬉戏。那是人类有史以来第一次在地外空间着陆。作为西方人及探索者，我们立即回归到了帝国主义方式——宇航员使者在那里插上了旗帜。人们沿着旗帜边缘顶部插入一根棍子，在那个荒凉、没有空气的世界中模拟风吹动旗帜的模样，以便更好地拍照。

登月计划通常被认为是人类最伟大的技术成就。但我就我们在月球上最初的发言与行为提点意见。在踏足月球表面时，尼尔·阿姆斯特朗曾说过，“这是一个人的一小步，却是人类的一大步”，随后的行动是将美国国旗插进了月球的泥土。如果他的一大步的确是“人类”的，似乎插联合国的旗帜更合适。在政治上诚实的说法应该是，“这是美利坚合众国的一大步”。

在太空探索时代，美国的收入来源于纳税人，美国与苏联产生的冲突影响了美国的经济分配。显然，大型资助项目需要大型的驱动力匹配。战争就是一种非凡的驱动力，许多项目的背后都有它的身影，比如：中国长城、原子弹、苏维埃与美国太空计划。我们必须承认，30 年间发生的两次世界大战以及紧随其后的长时间冷战，科学与技术的发现在 20 世纪的西方得到了快速增长。

紧随战争之后的第二种能激励大型项目资助的，则是丰厚的经济回报预期。典型的例子是哥伦布大航海 ，其资助水平占据了西班牙国家总产值的大部分。巴拿马运河的发现使哥伦布在15世纪未能完成的目标在20世纪得以达成，并完成了最原始的目标——达成通向远东的贸易之路。

太空推特13号@泰森

1942年，哥伦布花费了3个月的时间穿过大西洋。航天飞机仅需花费15分钟。

2011年5月16日上午9：30

当大型项目主要由纯粹的探索驱动时，这些项目通常代表着有极大机会实现重大突破。然而，这些项目得到足额资助的机会却不多。美国的超导超级对撞机（一个巨大的、极昂贵的地下粒子加速器，可用来延展人类对自然基本力量与早期宇宙状态的理解）项目就是例证。人们在地上挖了个大坑后，项目戛然而止。或许，我们不应为此惊讶：它的投资费用远超其附带的预期经济回报，同时，它也不能带来任何军事方面的利益。

当某项希望获得重大资助的项目是由自我满足或自我升华而驱动时，该项目的价值很少能超越建筑物自身，比如：加利福尼亚的赫氏古堡、印度的泰姬陵、法国的凡尔赛宫。这些奢华的个人纪念物，通常存在于或奢靡的、或成功的、或剥削性质的社会。它们能具有非凡的旅游吸引力，却达不到发现的高度。

即便得到绝大多数人的支持也难以供给金字塔的修建费用；第一次登月的人以及第一次抵达新大陆的人屈指可数。显然，以上两件事的完成都极具难度，它们都是珍贵的奇观，人们总是无法消弭在类似地方留下到此一游记号的欲望。没有旗帜的时候，人们会像动物那样用类咆哮声或尿液标记领土，在一些地方雕刻下自己的名字，不管那里有多神圣和多庄严。如果阿波罗11号忘记了带上那面旗帜，宇航员们也许会在附近的某块大石头上刻下“尼尔与巴兹到此一游——7/20/69。”在所有的太空活动中，人们总会在项目地留下大量的驻留证据：从高尔夫球到汽车，各样的硬件设备及其他废弃物。垃圾遍布的月球表面既代表着证据，又代表着发现的结局。

在监测天空的行动中，业余天文学者通常比别人监测得更全面，他们尤其擅长发现彗星。有机会用自己的名字命名某样东西具有极强的诱惑力：你能率先发现一颗明亮的彗星，则意味着它会以你的名字命名。著名的例子有：哈雷（Halley）彗星，这不需介绍了；池谷·关（Ikeya-Seki）彗星，它也许是20世纪最漂亮的彗星，有着长长的优雅的彗尾；苏梅克-列维9号彗星（近期发现），它在1994年扎进了木星的大气层，在阿波罗11号登月25周年纪念日之前的几天爆炸了。尽管它们都是我们这一时代中著名的天体，但我们却不能在那里插上旗帜或刻上名字。

如果金钱是被广泛认可的对成就的回报，20世纪则是好时光的开篇。瑞典化学家阿佛列·伯纳德·诺贝尔（Alfred Bernhard Nobel）通过生产武器、发明炸药而积累的财富，被留作了永久的诺贝尔奖。在其获奖者名单上，可以很容易地找到世界上最伟大、最具影响力的科学发现清单。这份可观的奖励——目前已快到150万美元了——是许多奋斗在物理、医学、化学领域中的科学家的目标。对他们而言，在诺贝尔去世5年之后，幸运开始降临。因为从那时起，对科学发现的奖励达到了一年一次的频率。如果我们将天体物理学发表的研究卷册比作一个衡量标尺，在该领域，过去15年的发现几乎等于之前全历史中的全部发现。也许，有朝一日，诺贝尔科学奖能每月奖励一次（那时，这一奖项的荣耀或许已不再凌驾于许多真正的发现之上）。

发现与人类知觉的延展

如果技术延展了我们的体力与脑力，科学则延展了我们与生俱来的知觉极限。我们拓展知觉的方法中，最原始的方式是缩短距离以更仔细观察。树不能行走也没有眼球，而人类的眼睛被认为是给人印象深刻的器官。它具有聚焦能力，在宽泛的范围内调节光线水平并辨识颜色。这些功能，使眼睛排在了大多数人的最中意器官名单的首位。然而，当我们开始留意不可见的光线波段时，我们不得不承认眼睛的无能，无论我们如何缩短观察距离也没有效果。同样地，我们思考下听力。蝙蝠能准确地在我们的周围飞翔，因为它们对声调的感知高出人类一个数量级。如果人类能像狗那样感知气味，那么，弗雷德（Fred）也许就能自己嗅出大麻和炸弹了，更没费多（Fido）啥事了（弗雷德是美剧《绿箭侠》中的警官，费多是著名的意大利流浪狗，因忠贞而出名）。

人类的发现历史，就是人类对拓展感知能力那无限渴望的历史。正是因为这种渴望，我们打开了通向宇宙的天窗。从20世纪60年代开始，随着苏维埃与美国针对月球及太阳系内行星所进行的早期系列任务，由计算机控制的探测器（也可直呼它们为机器人）成为了太空探索中的标准工具。太空中，机器人相比宇航员具有几个明确的优势：发射升空成本更低；无需笨重的加压服即可进行高精度实验；它们没有传统意义上的生命故而不会死于某次太空意外。但它们也存在明确的劣势：计算机缺乏人类的好奇心且不能在领悟中点燃火花；计算机不能主观综合信息并找出其中的偶然发现。机器人只是一个工具，从设计上用以发现我们预期希望的发现。不幸的是，有关自然的更深远的发现，通常潜伏在我们预期之外。

就提升我们柔弱的感知而言，最重要的是将我们的视力范围延展到电磁波谱中的不可见波段。在19世纪晚期，通过德国物理学家海因里希·赫兹（Heinrich Hertz）进行的实验，从概念上将之前那些被认为不相关的辐射作了统一。无线电波、红外线、可见光，及紫外线在光家族中堂表亲的关系被揭示了出来，它们只是在能量上有所区别。波谱从被称为无线电波的低能量区域，按从低到高的顺序扩展到了微波、红外线、可见光（由“虹彩七色”组成：红、橙、黄、绿、蓝、靛、紫）、紫外线、X射线，以及伽马射线。

在现代社会中，超人的X射线视力并不能给他带来太多优势。在某种程度上，超人会比天体物理学家更强壮，但他并不比天体物理学家看到的更多。天体物理学家不仅能“看到”X射线，更能“看到”电磁波谱上的所有主要组成部分。缺少这一延展后的视力，我们不但是瞎子，也是白痴，因为许多天体物理现象只能在波谱中的特定“窗口”展现。

让我们看看下面的几项发现，它们正是在那些通向宇宙的各扇窗户中得出的。让我们从无线电波开始，无线电波需要的传感器与人类视网膜上的传感器完全不同。

1931年时，卡尔·央斯基（Karl Jansky）受雇于贝尔电话实验室。他通过自己建造的无线电天线，首次“看见”了无线电信号从地球之外的某个地方发射过来。他发现了银河系的中心，事实上，那里的无线电信号非常密集——如果人类的眼睛对无线电足够敏感，银河系中心将成为天空中最亮的光源之一。

在一些经过睿智设计的电子学设备的帮助下，采用特殊编码的无线电波被一个独特设计的装置转化为声音，这造就了收音机的诞生。因此，延展我们的视力感知，事实上也同时延展了听力感知。任何来源的无线电波都能被转化，然后用以震动扬声器的锥盆，这一简单的事实时常会被记者们添油加醋地误导。比如，当来自土星的无线电波被探测到时（过程很简单——天文学者将无线电接收器与扬声器连接，无线电信号将被转换为声波），不止一个记者报道说，那个“声音”来自土星，土星上的生命正试着告诉我们一些信息。

比起卡尔·央斯基能获取到的设备，今天的我们有了灵敏度更高、更成熟的无线电探测器。天体物理学家现在不仅探索着银河系，甚至探索着整个宇宙。通常，人们认为早期探测到的宇宙无线电波来源可信度不高。这一情况一直持续到这些来源能被传统望远镜观测到为止。这一现象可作为一种证据，证实人类具有眼见为实这一偏见。幸运的是，多数不同等级的能发射无线电波的物体，也会在某种水平上辐射可见光。因此，人类不用一直盲目地依靠信仰来反对眼见为实。最终，射电望远镜产出了大量值得夸耀的发现，其中就包括了类星体（类星体一词，是不严格地缩写自“类星体无线射电源”）。这一类型的星体属于已知宇宙中最遥远、能量最大的那类物体。

气体含量丰富的星系，会从丰沛的氢原子（宇宙中超过90%的原子是氢原子）中发射出无线电波。通过电路进行连接的大型阵列型射电望远镜，能将某个星系的气体成分生成分辨率极高的图像，揭示其错综复杂的特征，诸如：扭曲状、斑点状、孔洞状，以及丝状。很多方面，今天我们对星系的作图与15—16世纪的制图者所做的工作相似。这些制图者所演绎的大陆（尽管有所扭曲）代表着人类尝试去描绘尚未探索过的世界的宏愿。

微波的波长比无线电波更短，能量也更大。如果人类的眼睛能看见微波，我们就能看见隐蔽在灌木丛中的高速公路巡警手持的雷达枪所发出的雷达信号。在微波炉里，我们并不能看见什么，因为炉门上填埋的网状结构将微波反射回了炉腔，阻止了它的泄漏。也正因为微波被阻挡，你眼睛内的玻璃状液体得到了保护，不会随食物一起被烹煮。

在20世纪60年代之前的宇宙研究中，微波望远镜并未得到最佳运用。微波望远镜使我们能凝视冰冷致密的星际气体构成的星云，这些星云最终会坍缩形成恒星与行星。这些星云中的重元素会轻松地组成复杂分子，这些分子在波谱的微波部分的特征不会被弄错，因为它们与地球上已存在的相同分子是匹配的。一些宇宙分子，比如：NH_3（氨）与H_2O（水），每个家庭都能见到。一些其他分子，比如：致命的CO（一氧化碳）与HCN（氰化氢），人们会不惜一切代价地从居住环境中将它们去除。某些分子会让人想起医院，比如：H_2CHO（福尔马林）与C_2H_5OH（乙醇）。当然，还有某些分子会让你感到陌生：比如：N_2H^+（一氢化二氮离子）与HC_4CN（氰基丁二炔）。我们从宇宙中检测到的分子已超过了150种，其中包括甘氨酸。我们确实是由星尘构成的，安东尼·范·列文虎克值得骄傲。

毫无疑问，在天文物理学上，每项重要的发现都离不开微波望远镜的身影：例如宇宙起源后的残余热量。1964年，贝尔电话实验室主导的一项获得诺贝尔奖的观察中，物理学家阿尔诺·彭齐亚斯（Arno Penzias）与罗伯特·威尔森（Robert Wilson）测量到了这一余热。余热通过其无处不在的如海洋般的光芒证实着自己的存在（通常被称为宇宙微波背景辐射）。今天，在“绝对”温度标尺上记录到的余热是2.7开尔文，且其辐射主要发生在微波（尽管它在所有波长都发生着辐射）频段。这是非常有价值的意外发现。最初，彭齐亚斯与威尔森仅是为了找出微波通讯中那些来自地球的干扰。最终，他们发现的却是宇宙大爆炸理论中那扣人心弦的证据。这就像人们在钓米诺鱼的时候，抓到了一头蓝鲸。

沿着电磁波谱往前走，我们抵达了红外线区域。尽管对人类不可见，但快餐粉丝却对它非常熟悉，炸薯条能在销售前保持长时间的温热正是因为它们被放置于红外线灯照射下。如果人类视网膜能感知红外线，在半夜，瞥一眼某户普通人家的房子，在关掉所有灯光的情况下，我们能看到所有温度超过室温的物体：煤气灶指示灯周围的金属环、热水管、某人熨过他皱巴巴的衬衫衣领后忘记关掉的熨斗，以及在房间里行动的人那裸露在外的皮肤。显然，这幅图像并不会比你在可见光下看见的信息更丰富，但它的确增强了你的视觉。我们可以依此想象出一两个创造性的用途，比如在冬天，通过窗户格子或者房顶的热气泄漏来检查你的房子。

孩提时代，大人们就常说，“在夜晚，红外线视觉能显示出藏在卧室柜子里的怪物，不过，前提是它们得是温血的。”但所有人都知道，普通的卧室怪物总是鬼鬼祟祟且冷血。红外线视觉一定会错过它们，因为它们可以轻松地混在墙和门之间。

在宇宙中，在探测蕴含有恒星摇篮的致密星云上，红外线波段非常有价值。在那里，初生的恒星常被掩盖在残余的气体与尘埃中。星云会吸收掉它所掩盖着的恒星所发出的大部分可见光，再将吸收到的可见光的能量以红外线的形式重新辐射出来。这一渲染，使我们的可见光窗口几乎失去了用武之地。尽管可见光会被星际尘埃星云大量吸收，红外线却能较好地穿透，只发生较小的衰减。这使它在银河系盘面的研究上有着非同一般的价值，因为银河系盘面是我们星系中恒星最为密集的地方，但那里却很难发出可见光。回看地球，地球表面的红外线卫星照片可显示海洋中的温暖洋流路径。如：北大西洋温暖洋流绕着不列颠群岛的西部打转。显然，那里无法成为一个理想的滑雪胜地。

波谱中的可见光部分为人们熟知。太阳的表面温度大约高于绝对零度 6 000 度，它发射出的能量在可见光部分达到顶峰，而人类视网膜也对这些波段敏感，这也是我们的视力在白天最有效的原因。我们通常不认为可见光具有穿透性，但它们却几乎毫不受阻地全数穿过了玻璃和空气。

与可见光不同，紫外线很容易被普通玻璃吸收。因此，如果我们的眼睛仅对紫外线敏感，玻璃制的窗户与砖砌成的窗户则不会给我们带来太大区别。仅需达到太阳温度的4倍，恒星就能成为一个巨大的紫外线制造器。幸运的是，这类恒星在光谱的可见光部分非常明亮，这也意味着它们的发现并不需要依赖于紫外线望远镜。因为地球大气中的臭氧层会吸收大多数撞击到那里的紫外线、X射线及伽马射线，所以，要对非常炽热的恒星作详细分析最好是在地球轨道上或者更远的地方。直到20世纪60年代，这一方法才成为了可能。

仿佛是要预示视觉得以延展的新世纪即将来临，有史以来的首个物理学诺贝尔奖在1901年颁给了德国物理学家威廉·伦琴（Wilhelm Röntgen），他发现了X射线。在宇宙中，X射线与紫外线都能提示黑洞的存在——黑洞是宇宙间最为奇异的物体之一。黑洞似个无底洞般的老饕，连光线也不放过（它们的引力太强了，光也无法逃逸），但人们能通过从其附近喷射出的旋转气体中的能量辐射进行追踪以确定其存在。紫外线与X射线是即将沉进黑洞的物质进行能量释放的主要形式。

需要强调的是，在发现这一现实的行为中，人们并不需理解发现过程中的发现，无论是在发现之前或之后。这样的事情在宇宙微波背景辐射上印证过，也在伽马射线暴发上印证过。20世纪60年代，在用卫星搜索苏维埃秘密核武器试验的过程中，人们首次检测到散布于整个天空的随机的高能伽马射线暴发。几十年后，我们通过太空望远镜与地面基站协同观察得知，这些射线暴发其实是遥远的恒星灾难的标志。

在广泛的领域中，我们能通过检测找到新发现，甚至包括亚原子粒子。在现实中，有项检测格外具有挑战性：检测难以捉摸的中微子。在一个中子衰变为一个普通质子和电子时，中微子家族中的某个成员就登场了。比如，在太阳的核心区域，每秒将产生200涧（涧为《五经算术》中的计量单位，即10^{36}）的中微子。然后，它们会直接穿出太阳，就像根本没有存在过一样。中微子极难捕捉，因为它们的质量极小，几乎不与物质发生相互作用。制造一个有效且高效的中微子望远镜也因此成为了一个非同寻常的挑战。

对引力波进行检测，是宇宙中另一扇不可捉摸的窗。引力波可以提示灾难性的宇宙事件。爱因斯坦（Einstein）在1961年提出了广义相对论，该理论中的空间与时间“波纹”预测了引力波。不过，直至本书完稿时，无论是对哪里的来源作检测，仍未直接检测到这些预测中的引力波。一个好的引力波望远镜或许能检测到黑洞之间绕着彼此而发生的相互旋转，也能检测到遥远星系的合并。甚至我们可以想象，在未来的某天，宇宙间的引力事件——碰撞、爆炸、坍缩的恒星——可以被我们常规观察到。理论上推演，我们终有一天能看透宇宙微波背景辐射这面晦涩的墙，直指大爆炸本身。如同首次完成了环球航行并见证了这一世界边界的麦哲伦船员，我们将在那些发现之后抵达并揭开已知宇宙的奥秘极限。

发现与社会

如同冲浪板借力于波涛，在18世纪与19世纪，借力于10年又10年的工业革命浪潮，人类理解了能量是一个物理学概念，也是一种可变形的实体。工程技术以机械能替代了肌肉能；蒸汽引擎将热能转化为机械能；大坝将水的重力势能转化为电力；炸药将化学能转化为爆发的冲击波——这些发现皆以引人注目的方式改变了早期社会，20世纪所见证的信息技术浪潮随着设备的电子化与小型化的进步到来了，进而诞生了一个以计算机能力替代思维能力的新纪元。探索与发现如今已转向了硅芯片上，因为穷尽一人一生才能完成的计算，在计算机上或许只需几秒钟就能实现。尽管进步如此巨大，我们仍处于黑暗中，因为知识领域的拓展会带来未知边界的拓展。

上述人类技术创造出了破坏性的工具并被进一步地作为发动战争的借口，这对我们人类社会产生了重要影响。除此之外，这些技术以及人类对宇宙的发现，在我们的社会中还沉淀出了何种影响呢？19世纪至20世纪初，我们看到了交通工具的发展，人类不再依赖于驯养的牲畜——我们有了自行车、铁路、汽车，以及飞机。20世纪，我们看到了推进火箭的应用［部分功劳应归于罗伯特·戈达德（Robert Goddard）］与宇宙飞船（有维尔纳·冯·布劳恩的部分功劳）的航行。对于像美国这样地理面积广袤且宜居的国家来说，交通方式的改进性探索至关重要。美国非常重视交通，任何原因引起的交通中断都会成为当地的头条新闻，他们甚至还关注着发生于别国的交通问题。如，1945 年 8 月 7 日，即美国在广岛杀死了大约 7 万日本人的次日，《纽约时报》的封面上用全大写字母宣称，“第一颗原子弹投向了日本”，且解释道，“在那之后的不久，还有数万人因此而死亡。”旁边附带了小标题（同在封面上），“在受打击区域，列车已停滞；广岛周边的交通中断。”虽然我未去证实，但我敢打赌：日本当天的报纸绝未将交通问题当作热门新闻。

技术变革所带来的影响，不只见于破坏还见于家庭生活。随着电力在民居中普及，发明一些可利用新能源的装置与机械变得有利可图。在人类学家眼中，人均能源消耗是衡量社会进步的宏观指标之一。不过，旧传统仍很难消亡。灯泡虽然替代了蜡烛，但我们仍会在特殊的晚餐中点亮烛光；我们甚至会购买外观像蜡烛火焰的、插满灯泡的枝形吊灯。此外，我们仍习惯对汽车的引擎用“马”力来衡量。

现代人（尤其是美国城镇居民）对电力的依赖已非常严重。回想 1965 年 11 月、1977 年 7 月，及 2003 年 8 月在纽约城发生的停电事件。1965 年的停电事件，许多人认为世界末日已降临；1977 年的停电事件造成劫案四起。（据说，停电催生了“停电婴儿”这个词。没了电视和别的技术性娱乐时，怀孕不失为最佳乐趣。这成为了一种城市趣闻。）

纵观历史，对探索者来说，探索总暗藏风险与危机。不论是麦哲伦本人还是他所带领的船员，都没能活到 1522 年环球航海完成。多数人死于疾病与饥饿，而麦哲伦本人则死于菲律宾土著，因为这些土著对麦哲伦欲将他们发展为基督徒非常不满。今天的探索，风险依然。在 19 世纪末期研究高能射线的过程中，威廉·伦琴探索了 X 射线的性质；马丽·居里（Marie Curie）研究了镭的性质，他们最终均死于癌症。1967 年，阿波罗 1 号的 3 名乘员被烧死在了发射台上；1986 年，挑战者号宇宙飞船刚发射就发生了爆炸，7 名乘员全部牺牲。

某些情况下，风险还会大范围地扩散，甚至影响到探索者之外。1905 年，阿尔伯特·爱因斯坦（Albert Einstein）提出了公式 $E = mc^2$。这一秘诀将物质与能量实现了互换，并最终召唤出了原子弹。巧合的是，在爱因斯坦著名的方程首次现身前的两年，奥维尔·莱特（Orville Wright）在首架飞机中完成了首次试飞，这种飞行机械正是之后运载原子弹投入战争的载体。在飞机发明公布后不久，一本当时发行广泛的杂志刊登了一封读者的来信。该读者表达了自己对新型飞行机械的担忧，文中提到，“如果坏蛋夺得了某架飞机的控制权，他将能驾驶飞机掠过手无寸铁的无辜村民的村庄上空，向他们投掷硝化甘油小罐。”

当然，正如阿尔伯特·爱因斯坦不应因原子弹造成的死亡而受到谴责，威尔伯（Wilbur）与奥维尔·莱特兄弟也不应因军队使用飞机而受到谴责。无论探索的成果是好是坏，它终将走向公众领域并受人类行为的支配，这种现象是深植于人类本性且源远流长的。

探索与人类自尊

一些人总喜欢主观认为，我们是特别的。对他们而言，人类理解自身在宇宙中所处位置的变迁史，就是一部令他们不断沮丧的长篇连续剧。事实上非常不幸，人类总会被第一印象糊弄——太阳、月亮与星星，它们每天都在运动，它们串谋起来，让我们以为自己就是所有事物的中心。几百年后，我们明白了事实并非如此。地球的表面没有中心，没有哪个文明能宣称其在地理上处于一切的中心。地球不是太阳系的中心，它只是多个环绕太阳运动的行星之一。公元前3个世纪，亚里士多德首次提出了这个观点；16世纪，尼古拉斯·哥白尼为之进行了辩论；17世纪，伽利略最终将其证实。太阳距离银河系的中心大约有25 000光年，它与其他数以千亿的星星一起，默默地绕着银河系的中心旋转。银河系也仅是宇宙千亿个星系之一，在这些星系中，根本没有事实上的中心。最终，得益于查尔斯·达尔文（Charles Darwin）的《物种起源》与《人类的由来》，那些求助于神学对人类起源进行解释的行为渐渐退下神坛。

科学上的发现，只有极少部分是由智慧的瞬间爆发带来的结果。因此，在探索中揭示出我们的星系既不特别也不唯一，亦不应超脱其外。人类理解到我们在宇宙间所处的位置，有个典型的转折。它并未出现在几个世纪以前，而是出现在不太久远的1920年，出现在一场著名的关于已知宇宙的尺度的辩论中。这场辩论发生于在华盛顿特区举行的美国国家科学院的会议上，会议提出了一些基础问题：银河系，包括它的所有恒星、星团、气体云、模糊的旋涡状物体，它们集体构成了宇宙的整体吗？或者，那些模糊的旋涡状物体为独立的“岛宇宙”，与银河一样点缀在超越想象的辽阔的宇宙中？

通常，与政治冲突或公共策略不同，科学探索不会在政治方针、民主投票或公开辩论中有所作为。不过，华盛顿的这场公开辩论却有违常规。两位当时的顶尖科学家分别陈述了一些好数据和坏数据，并展开了尖锐的论证。哈罗・沙普利（Harlow Shapley）拥护银河系即全部宇宙这一观点，希伯・D. 柯蒂斯（Heber D. Curtis）则持相反意见。

在同一世纪的更早一些时候，两位科学家都参与了一次探索的浪潮。这波探索浪潮的目的是为宇宙物体与现象拟定分类方案。在一台光谱成像仪（能将星光分解为其构成原色，即这颗恒星的光谱。这也是雨滴将太阳光分解为彩虹的方式）的帮助下，天体物理学家不仅可以简单地根据形状或外观对天体进行划分，还能利用天体的光谱细节特征对天体进行划分。有了精心设计的分类方案，即使对某一现象的成因或来源缺少透彻的理解，人们也能推演出贴近真实情况的结论。

1920年，对如何为夜空中所展示的那些如同藏在抽奖箱里的东西拟定分类标准，人们达成了共识。其中有三个类别与华盛顿的这场辩论格外相关：其一是，沿着一条窄窄的被称为银河的光带，呈致密状分布星星在1920年被正确地解释为扁平银盘；其二是，大约100个巨大的呈圆球状的星团分布于银盘附近；其三是，在银盘附近的是其他模糊状星云及不靠近银盘任何位置的旋涡星云。无论沙普利与柯蒂斯如何争论，他们能明确的是，天空中观测到的那些基本特征并非推理得出。尽管可供支撑的数据很勉强，柯蒂斯如能用这些数据证明螺旋星云是岛宇宙，那么，人性则会在其自尊心爆棚的连续剧里上演新的沮丧篇章。

不经意地望向夜空，我们所见到的星星是沿着银河的所有方向均匀散布的。实际上，银河包含了许多恒星与模糊的尘埃云，并由这二者混合而成。正是恒星与尘埃云构成了我们视线所及的那片景象。只是因为我们置身其中，无法识别整个星系的真面目。换句话说，因为银河的阻挡，你难以确定自己在银河系中的准确位置。这很好理解，举例：当你进入一片密林，你很难知道自己身处何方（除非你在路过的树上刻下自己的名字）。因为树的阻挡，你难以确定森林覆盖的范围。

针对宇宙尺度上的距离，当时的天文学家非常无奈。沙普利估算的银河系距离范围非常大，实际上也确实偏大了。通过多种计算与假设，沙普利得出了银河系的范围距离超过了 30 万光年——这是对银河系尺寸所做的估计中迄今为止范围最大的一个。虽然柯蒂斯拿不出挑剔沙普利的证据，但他仍保持着怀疑态度，称这一假设“相当生猛”。尽管这一数据是基于当时最牛的两位理论学家的工作得出，但该数据的确显得生猛。之后不久，两位理论学家的理论很快遭到了推翻。人们得出的结论是，沙普利对恒星光度的结果过于高估了，由此导致对他最钟爱的物体——球状星团之间的距离也过于高估了。

柯蒂斯依旧坚信，银河系比沙普利所提出的尺寸要小很多。他认为，在缺少明确的参照证据情况下，“这一假定的 30 万光年的直径至少应除以 5，或许应除以 10”。

谁是对的?

在科学中，在多数由无知通向发现的道路上，正确答案通常藏在道路前行时所收集到的极端值之间的某处。上述案例也不例外。今天，科学界普遍接受的银河系大小约为 10 万光年——大致为柯蒂斯认为的 3 万光年的 3 倍，沙普利认为的 30 万光年的 1/3。

接着上述的案例，两位辩论者还需就银河系及已发现的高速旋涡星云的存在达成共识。旋涡星云的距离更难确定，它看上去像是在极力躲开银道面，从而让银河有了一个霸气的别名“隐带”。

沙普利提出，旋涡星云以某种方式产生于银河内，而后从其诞生地被强力弹出。柯蒂斯坚信，旋涡星云与银河本身是同等级的物体。柯蒂斯提出，存在一个“神秘物质”环一直围绕着我们的星系——这在其他许多旋涡星系中皆存在，这个环能不断的从视野中抹去那些距离更遥远的旋涡。

辩论到这个程度，如果我是主持人的话，我或许会终止辩论并宣布柯蒂斯是赢家。不过，新证据又被提到了台面："新星"，在任何地方都可能偶然而短暂出现的极度明亮的星星。柯蒂斯认为，新星所形成的物体与那些在距离上极遥远的旋涡所形成的物体为同类型。柯蒂斯认为，它们都是岛宇宙，且与我们的星系具有相同数量级的距离尺度。

尽管沙普利不太相信旋涡星云是岛宇宙，但他还是表明了自己对科学开放的思想。在他的一份总结中，他考虑了其他世界存在的可能性：

> 旋涡星云与我们的银河系统不一样，在宇宙别处的恒星系统中，仍有着与我们的星系相同的甚至更好的星系，只是到目前为止尚未被发现。这些星系的距离甚至可能远超出了现有光学设备与当今测量尺度的探测能力。不过，现代望远镜，在高效分光镜与摄像增强器的辅助下，必将把那些与宇宙尺度相关的探索推向更深远的宇宙……

同时，柯蒂斯也公开承认，沙普利关于旋涡星云被弹出的假设也许存在可能性。在那次妥协中，柯蒂斯不经意地透露，我们生活在一个扩张的宇宙里："斥力理论是正确的。迄今为止，在可观测到的旋涡星云中，多数正离我们远去，事实支持着这一理论。"

1925 年，爱德文·哈勃（Edwin Hubble）发现，几乎所有的星系都在以与距离成正比的速度离银河远去。可以明确的是，我们的星系银河系正处于宇宙扩张的中心。在成为天文学家之前，哈勃曾是一位律师。考虑到这个背景，无论他坚持的是什么，他或许都能赢得辩论，他一定能搜集到宇宙扩张且我们处于中心位置的证据。在阿尔伯特·爱因斯坦的广义相对论背景下，我们被安置在中心位置是宇宙四维扩张的自然结果，时间是第四维度。假如宇宙确能通过这样的方式进行描述，那么，每个星系都会观察到其他星系正离自己远去。这样，我们能得出一个无法逃避的结论：我们绝非孤独的，我们也非特别的。

然而，在向毫无意义的前途埋头冲刺时，报复紧随其后。

20 世纪 20—30 年代，物理学家证实，太阳中的能源是氢以热核聚变形成氦的过程产生的。20 世纪 40—50 年代，天体物理学家推测，如果太阳的热核聚变发生在质量足够大的恒星的核心区域，且恒星生命终结时发生爆炸，我们可以通过热核聚变的详细顺序得出宇宙间元素的丰度。我们熟知的著名的周期表中的元素，亦因为这一爆炸过程充实了这个宇宙。周期表中，丰度排名前五的是氢、氦、氧、碳、氮。分析人类生命化学组成的时候，我们能得出非常相似的顺序（除了氦，它是化学惰性的）。从这个角度分析，我们作为人类的存在并不特殊，甚至生命本身的成分也不具有任何特殊。

我们不是神创造的，我们不是任何事物的中心，我们不是由特殊成分构成的，所以，我们并非一切的中心。我还要强调的是：宇宙间超过90%的物质，其组成成分并非普通元素，而是某类亟待发现或理解的粒子。人们暂时将其称作"暗物质"。这或许严重侮辱了我们的自尊。

现在你或许明白了：宇宙探索为何始于对神的崇拜，传承于对人类生命的赞叹，终结于侮辱我们所累积的自尊。

发现的未来

当宇宙成为我们终极前沿时，它会成为一片未知的领地，如同古时探险家们在梦想中试图征服的那片未知领地。即将到来的太空航行也许是源于经济因素的驱动，比如以开采百万吨级小行星上的矿产为目的，或者以延续人类生存为目的（尽可能地将人类种族扩展到银河系的各个角落，以避免千万年一次的彗星或小行星碰撞所带来的全球性灾难而导致人类灭绝）。

20世纪60年代，无疑是太空探索的黄金时代。虽然在那时，贫穷、危险与问题缠身的学校，使太空项目的意义与重要性在许多市民脑海中显得混沌，但那个时代却与今天大不相同。那时，太空探索者是人们期待且景仰的一类人。而今天，许多人（包括我）却只能在回忆里找寻他们的鎏金岁月。

我记得那一天的那一刻，阿波罗11号宇航员踏上月球。那次着陆，发生在1969年7月20日，那是20世纪最伟大的时刻之一。然而我发现，在某种程度上，我对这一事件有些冷淡——并非我意识不到登月在人类历史中的重要性，而是因为我确信，月球旅程将会很快变为常态（每月都会发生）。再之后，频繁的月球之旅将变得简单。事实上，我未曾想到的是，20 世纪中的登月计划一片混乱，此后的几十年更是毫无进展。

确实，太空项目的资助资金一直是由战争（即便是为了防御）为主因驱动的。宇宙的梦想，以及人类渴望探索未知的天性，却显得无足轻重。不过，“防御”这一词可以被重新诠释，解释为远比军队与军械更为重要的东西。它可以引申为保护人类种族。1994 年 7 月，苏梅克 - 列维 9 号彗星扎进了木星，在木星高层大气中投下了相当于20 万兆吨当量的 TNT。如果那样的碰撞发生在我们赖以生存的地球，极可能导致人类全种族灭绝。

自我保护，已成为了非常实际的议题。要实现这一目标，在地球气候与生态系统的相关问题上，我们必须有深刻的认识，以此将人类自我破坏的风险降至最低。我们必须往太空中尽可能多的地方移民，以降低我们遭致种族灭绝的概率。

化石记录中充斥着灭绝的物种。在这些物种消失之前，它们中的很大一部分都繁盛过很长的时间，甚至超过了现任地球统治者现代智人的兴盛时间。今天，恐龙绝迹了，因为它们没能建造出宇宙飞船。它们没有太空项目是因为它们得不到资助吗？或许不是，更可能的原因是，恐龙的脑子太小了。

我们要知道，人类灭绝或许会成为宇宙生命史上最惨痛的悲剧——因为人类灭绝的原因并非我们缺少建造星际飞船的智力，并非我们缺少积极的太空航行项目，而是因为人类彼此之间背道而驰未选择资助这类延续生存的计划。你的理解没有错误：承继宇宙探索的发现之路，不再是一个可选项，而是一个必选项。这一选择的后果影响着每个人的生存。

Part Ⅱ WHO

第二部分　如何做

13　起飞

> 古时，有两名飞行员为自己插上了翅膀——代达罗斯（Daedalus）在空中安全地飞过，着陆时，他得到了四溢的赞美；伊卡洛斯（Icarus）飞向了太阳，直到用以连接翅膀的蜡融化开来，他的飞翔也因此以惨败告终。评价他们的成就时，也许伊卡洛斯还有一点谈资。当然，官方的说法只会认定他是在“玩噱头”。可我更愿意认为，他在他所处的时代扮演了重要角色，引燃了人们对飞行器中的构造缺陷的好奇心。至少，我们希望自己能从他的旅程中发现一些线索，可以用来建造更好的机器。
>
> ——亚瑟·爱丁顿爵士（Sir Arthur Eddington），《恒星与原子》(1927)

千年以来，翱翔于长空的想法一直占据着人类的梦乡与幻想。我们期盼能如雄鹰掠过头顶那样，让人类在地表之上摇摆起舞。也许，我们一直以某种形式嫉妒着翅膀，甚至可升华至翅膀崇拜。

就此观点，你无须在久远的故纸堆中寻找证据。在美国，有广播电视以来的大多数时间中，当某个基站在夜间停止工作时，电视台的工作人员并不会站起身来向观众告别。他们会播放“星条旗永不落”的音乐，并显示某些与飞行相关的东西，比如：高高飞翔的鸟儿或是空军喷气式飞机。美国甚至采用了一种飞行的掠食者——秃鹰，作为力量的象征。今天，你能在美元钞票的背面、25美分硬币、肯尼迪50美分硬币、艾森豪威尔美元，以及苏珊·安东尼美元上看到秃鹰的形象。在白宫的总统办公室地板上也有一只秃鹰。我们熟知的著名超级英雄，超人，也是穿着蓝色紧身衣和红色斗篷一飞冲天的。人类死亡后，如果你符合条件，也许能变为天使——人们都知道，能飞翔的天使；珀加索思（Pegasus）的双翼神马；健步如飞的墨丘利（Mercury）；丘比特（Cupid）；皮特·潘（Peter Pan）与他的精灵伙伴小叮当（Tinkerbell）都是典型的证据。

在教科书里，当人类与动物王国中的其他物种作特征比较时，我们通常不会提及人类不具有飞行能力。然而，在描述渡渡鸟和塘鹅这样的鸟类时，我们会毫不犹豫地标注“不能飞”这样的词汇。作为“倒霉蛋”的同义词，这样的描述或许能让渡渡鸟和塘鹅认为，自己恐怕是在进化中走向了错误。事实上，我们依靠自己的大脑最终学会了飞翔。这能很好地满足我们的自尊心——鸟虽然能飞翔，但受限于它们的大脑，它们终究只能是鸟。

我读初中时，在学校的书本中认识了著名的物理学家开尔文勋爵（Lord Kelvin）。他曾在19世纪与20世纪之交辩论，比空气重的设备进行自力推进飞行不具备可行性。显然，这是个目光短浅的预言。即使在第一架飞机发明之前，人们也能轻松驳倒这篇短文中的预测。大家只需看看鸟儿，他的预言就不攻自破，它们能畅快地飞行且重于空气。

太空推特14号@泰森

美国空军用鸟翅作为象征。今天，我们可实现的飞行速度足以让鸟儿蒸发。事实上，在太空中，翅膀并无多大用处。

2010年9月30日下午1：01

在物理定律上，如果某事件是不受禁止的；那么，在原则上它或许具有可能性，这与技术上的预期极限并不相关。声音在空气中的传播速度为每小时700—800英里（1 126—1 287千米），传播速度受大气温度的影响而变化。没有任何物理定律限制物体的速度不能超过1马赫，即音速。事实上，在1947年查尔斯·E.“查克”·耶格尔（Charles E.

“Chuck” Yeager）驾驶贝尔 X－1（美国空军喷气式飞机）突破音障前，多数记载认为物体的移动速度不能超越音速。此外，一个多世纪前的高能来福枪发射出的子弹就已突破了音障。

迄今为止，最快的有翼飞行器是宇宙飞船。在可分离的助推器与燃料箱的辅助下，宇宙飞船可以在发射至轨道的途中达到 20 马赫的速度。宇宙飞船返回地球时并无推进力，它会回落到轨道之外安全地滑行下降至地球。尽管其他太空船也能以多倍音速的速度航行，但目前还没有任何飞行器能超越光速。从未来技术出发，从构建物理定律的理论平台出发，光速不可超越的定律不仅适用于地球，还适用于天际。登上月球的阿波罗宇航员被认为企及了人类有史以来的最高速度：推进器将他们的宇宙飞船送出了地球轨道。在推进器燃烧结束时，他们的速度达到了大约每秒 7 英里（11.26 千米）。这与光速相比是微不足道的，它只有光速的 1/25 000。事实上，要点并非两速度间的巨大差距，而是物理定律不允许任何物体在任何时候达到光速，无论你的技术多么具有创造性。从根本上说，音障与光障完全不同。

俄亥俄的莱特兄弟被理所当然地公认为在北卡罗来纳州基蒂霍克（Kitty Hawk，North Carolina）完成了“首飞”，这个州的车牌上的标记也时刻提醒着我们。不过，这个提醒还需作进一步的描述。威尔伯与奥维尔·莱特让一架比空气更重的、由引擎驱动的、装载了一个人类（在当时，装载的是奥维尔）的交通工具成功起飞（这一装置的降落点的海拔高度并不低于其起飞点）。之前，人们已经使用热气球吊篮和滑翔机进行过飞行，且在峭壁侧边进行了可控的降落。这并不能让鸟儿们嫉妒，不过，威尔伯与奥维尔的首飞也同样不能。他们最初的 4 次飞行（1903 年 12 月 17 日东部时间上午 10：35）仅持续了 12 秒时间，在 30 英里（48 千米）每小时的风速下逆风速度为平均 6.8 英里（10.9 千米）每小时。被称为“莱特飞行器”的玩意儿飞到了 120 英尺（36.5 米）的高度，甚至还未达到波音 747 飞机的翅膀长度。

事实上，在莱特兄弟携他们的成果出现在公众之前，媒体只对其投入了断续的关注，而将别的飞行事件放在了前面。1933 年末——林德伯格（Lindbergh）前无古人地独立飞越大西洋的6年后——H. 戈登·伽贝迪安（H. Gordon Garbedian）在《科学的主要奥秘》的前言中忽略了飞机：

> 今天，科学前所未有地主宰着生命。你拿起电话，在几分钟内就可以与巴黎的朋友开始交谈。你可以在潜艇中领略海底风光，或者用齐伯林硬式飞艇在空中完成环球航行。无线电以光速将你的声音带往地球上的任何角落。很快，电视会让你舒服地坐在客厅里观看世界上最伟大的西洋镜。

不过，一些记者却注意到了飞行可能对文明产生的影响。当法国人路易·布莱里奥（Louis Blériot）在1909年7月25日穿过了英吉利海峡，从加莱（Calais）抵达了多佛（Dover）后，《纽约时报》第三页就以“法国人证实飞机不是玩具”为题发表了一篇重要新闻。这篇文章还描述了英国对此事件的反应：

> 大不列颠傲然于世的力量不再是无可匹敌的，伦敦报刊行业的编辑们对此议论纷纷：飞机并非玩具，而是可以投入战争的某种工具。军队和政治家们必须对它重视起来，这一事件也应当唤醒英国人对航空科学重要性的意识。

35年后，飞机不仅作为战斗机与轰炸机出现在了战争中，德国人还进一步地发明出了V-2火箭用以攻击伦敦。在许多方面，这些导弹的承载工具都具有深远意义。首先，这一承载工具不是一架飞机而是一枚庞大的火箭。其次，V-2火箭能在目标的几百英里外进行发射，它本质上构成了现代火箭的雏形。第三，其发射后的全程皆在空中且只受重力影响，它是当时从地球上的某处用炸弹打击他处的最快方式。随后，冷战“加速”了弹道导弹的设计，在军事上，它能瞄准地球上的任何敌对城市。它的飞行时间即便达到最长的45分钟，也不够目标城市用以人群疏散。

当某样东西“以弹道的方式运行”时，则意味着其轨迹不再受火箭、鳍翼或弹翅的控制，不过鳍翼仍能增加飞行物的飞行稳定性。飞行物的航向（以及它着陆的地方）受重力法则控制。所有的下落物体、所有的卫星（包括哈勃空间望远镜），以及所有的行星际宇宙飞船，被发射后均是“以弹道的方式运行”。

尽管我们能认为它们是以弹道方式运行的，但我们能否认为导弹是在飞行？掉落的物体是在飞行的过程中吗？地球是不是也在环绕太阳的轨道上飞行呢？依照曾制约过莱特兄弟试飞过程的飞行定义——必须有人乘载于飞行器中，且这个飞行器还必须受其自身力量的驱动发生移动。不过，世界上并无规则规定，规则不可修改。

在得知 V－2 火箭应用了轨道技术时，某些人开始坐立不安了。1952 年 3 月 22 日，畅销的、面向家庭的杂志《科利尔士》（*Collier's*）的一位编辑策划了一篇文章，标题为“我们在等待什么?”。《科利尔士》的两位记者曾在 1951 年哥伦布发现美洲纪念日那天，参加了纽约城海登天文馆创意太空旅行研讨会，与会的有工程师、科学家、幻想家。会后，两位记者构思并写下了这篇文章。在文章中，《科利尔士》的编辑们认为，太空站可作为一只警惕的眼睛，它存在于这个分裂的世界极具必要性与价值：

> 由西方管理的那个太空站，永久地构筑于大气层之外。它能给和平带来纵贯世界历史的最大希望。“太空哨兵”上装载有监视之眼，在其持续观察下，任何国家都不能秘密进行自己的战备工作。它将终结无形屏障。

我们美国人并未建造太空站，相反，我们去了月球。在这一努力之下，我们的翅膀崇拜延续了下来。尽管在没有空气的月球上，翅膀毫无用处，我们的宇航员仍在一艘以鸟命名的太空船中着陆了。仅在奥维尔离开地面后的六十五年零七个月零三天零五小时又四十三分钟，尼尔·阿姆斯特朗就在月球表面发表了他的首次演讲：“休斯顿，这里是静海基地（Tranquillity Base），鹰号飞船已经着陆。”

在月球上行走的人，未能获得人类企及的最高“海拔”记录的殊荣。这一殊荣归到了倒霉的阿波罗 13 号宇航员们的身上。在氧气舱爆炸后，他们知道自己将无法着陆于月球。在明白他们没有足够的燃料来减速停止并返航后，他们环绕月球进行了 8 字轨道运行，将他们摆渡到回归地球的航向。此时的月球恰好接近远地点，它正处于椭圆轨道中距离地球的最远处。没有别的任何阿波罗任务（无论之前或是之后）抵达过这个位置，这确保了阿波罗 13 号宇航员们创造了人类的最高海拔记录。[计算后发现，他们应当达到了地球表面“之上”245 000 英里(394 289 千米）的高度。我询问过阿波罗 13 号的指挥官吉姆·洛弗尔(Jim Lovell)，“指挥舱在环绕月球运行到远端时，关在指挥舱里的人是谁？在数学上，他才是最高海拔记录的保持者。”他却拒绝告诉我。]

在我看来，飞行中最伟大的成就并非是威尔伯与奥维尔的飞机，也不是查克·耶格尔突破音障的飞行，更不是阿波罗 11 号的月球着陆。对我来说，最伟大的飞行应该是旅行者 2 号的发射，其发射轨道达到了太阳系的外行星地带。在飞越行星的过程中，这艘宇宙飞船的弹射轨迹经过了木星与土星。它在木星与土星的轨道上分别窃取了少量能量，以加速自己驶离太阳系的速度。在 1979 年经过木星时，旅行者 2 号的速度超过了每小时 40 000 英里（64 373 千米），该速度大于能逃逸来自太阳的万有引力约束的临界值。旅行者 2 号在 1993 年经过了冥王星轨道，现在已进入了星际空间区域。那艘飞船上并无人类存在，但它载有一张金质的激光唱片。人们在这张唱片上刻录下了自己心跳的声音。虽然没有我们的灵魂，但我们的心早已飞向了宇宙间的更深处。

14　以弹道的方式运行

在几乎所有与球相关的体育运动中，球都会不时地以弹道的方式运动。无论篮球、板球、橄榄球、高尔夫球、回力球、足球、网球，还是水球，当球被扔出去、拍出去、踢出去时，它都会在随后的短时内处于空中运动状态，然后落回地面。

空气阻力对所有的球都会产生影响。无论什么力量让这些球运动，也不管它们会落到哪里，它们的路径均能用艾萨克·牛顿定律中的一个简单方程来描述。这个方程存在于那本著成于1687年且对后世产生了重大影响的有关运动与引力的书中。几年后，牛顿在《世界之体系》中，向非拉丁语系读者阐释了他的发现。书里有一段描述，阐明了扔石头的规律：如果你在水平方向上用力地猛掷石头，随着初始速度的增加，扔石头的结果将会发生多种变化。牛顿首次阐明了这一显而易见的结果：随初始速度的增加，石头落地的地点会距离抛掷点越来越远，最终，石头的降落点会达到地平线之外。他推论，如果速度足够快，某块石头或许会绕着地球完整地绕圈，将不会再落到地面上。石头或许会从背后击中你的后脑勺，如果你躲开了石头的袭击，石头会沿着一条被称为轨道的轨迹永恒飞行。

欲达到近地轨道（昵称LEO），物体的运动速度需达到每小时18 000英里（26 968千米）——这里特指横向速度。如此，物体每绕地球运行一圈的时间约为1.5小时。

牛顿还指出，任何天体在展现引力时，整个物体的质量都仿佛被浓缩在了其中心位置。其直接结果是，两人在地球上互相抛物体，该物体运行在一个固定轨道上——与卫星轨道不同的是，这里说的轨道会与地面相交。不管是1961年艾伦·B. 谢泼德（Alan B. Shepard）那运行了

15 分钟的水星 - 自由 7 号飞船，还是泰格·伍兹（Tiger Woods）击出的高尔夫球，抑或是艾力士·罗德里奎兹（Alex Rodriguez）打出的本垒打，或者某个小孩扔出的小球，它们均符合一个统一的事实：这些物体均沿着理论上的亚轨道轨迹运行。如果不是地球的表面阻挡在轨道中间，上述所有物体都会沿着一条虽有拉伸但仍完美的轨道绕地球的中心运行。尽管引力定律未对这些轨道进行分类，NASA 却对其进行了分类处理。在谢泼德的旅程中，多数时候不存在空气阻力，因为他企及的海拔高度几乎没有大气的存在。凭借这点，媒体就有足够的理由将其冠以美国首位太空旅行者的称号。

亚轨道路径被选作了弹道导弹的轨迹，比如：被扔出去的手榴弹以弧线击向其目标、发射后的弹道导弹只在重力的作用下“飞翔”。导弹这样的大规模杀伤性武器能以超过声音 5 倍的速度飞行（速度可达每小时数千英里）。它的速度快到能在 45 分钟内横贯半个地球，在空中维持了长时间的飞行后一头扎回地表，其破坏力斐然。事实上，一枚有足够重量的弹道导弹仅单纯地从天空掉落地面造成的破坏力，也远超传统炸弹爆炸所带来的破坏力。

世界上首具弹道导弹载具是 V-2 火箭，由德国科学家组成的一个团队设计，领导者是韦纳·冯·布劳恩，并被纳粹用在第二次世界大战中。作为首个被发射到地球大气层之上的物体，这一子弹形状的、具有巨大鳍翼的 V-2 火箭（“V”代表“Vergeltungswaffen”，意为“报复性武器”）激发出了整整一代宇宙飞船样式的设计灵感。第二次世界大战后，冯·布劳恩被带到了美国。在这里，他指导了 1958 年的探索者 1 号发射，这是美国的首颗卫星。之后不久，他被调到了新创建的国家航空航天管理局。在那里，他研发出了土星 5 号，这是人类有史以来所制造的威力最大的火箭，并使美国登月梦想得到了满足。

在数百颗人造卫星运行于地球轨道上的同时，地球也运行在其环绕太阳的轨道上。尼古拉斯·哥白尼在他 1543 年的巨著《天体运行论》中，将太阳放置在了宇宙的中心位置，并假定地球以及其他 5 颗已知的行星——水星、金星、火星、木星、土星——以完美的圆形轨道环绕太阳运动。哥白尼不知道的是，就轨道而言，圆形是种非常罕见的形状且无法拟合太阳系中任何行星的轨迹。行星轨迹的实际形状是由德国数学家、天文学家约翰尼斯·开普勒（Johannes Kepler）推论出的。开普勒于1609年发表了他的推论。他提出的有关行星移动的定律中，首条声明即行星环绕太阳的轨道是椭圆形的。

椭圆是一个变扁了的圆，其扁平度可用一个被称为偏心率的数值描述，偏心率简写为e。如果e等于0，你将看到一个完美的圆形。随着e从0增加到1，你将看到椭圆越来越狭长。显然，某条轨道偏心率越大，则越有可能与别的轨道相交。来自外层太阳系那些扎向地球的彗星，有着椭圆形的轨道，偏心率很高。地球与金星的轨道非常接近圆形，偏心率很低。太阳系中偏心率最大的“行星”（官方称其为矮行星）是冥王星。每环绕太阳运行一周，冥王星都会穿过海王星的轨道，其运行方式与彗星相似。

太空推特15号@泰森

当被问及，为何行星的轨道是椭圆形的而非别的形状时，牛顿发明了微积分给出了答案。

2010年5月14日凌晨3：23

关于狭长轨道的最极端例子，莫过于著名的“挖洞直达中国”的案例。与地理知识不太好的老百姓的心中所想不同，就地理位置而言，中国并非处于与美国相对的位置，南印度洋才是。为了更科学地挖洞，我们应从蒙大拿州的谢尔比（Shelby，Montana）开始挖坑，直至凯尔盖朗孤岛（Kerguelen Islands）。

现在，有趣的事儿来了。

跳进去吧，你会在失重状态下以自由落体的状态不断加速，直到抵达地球中心。在那里，你会被铁核的炽热彻底蒸发。不过，我们可以先选择无视这一难题。在这一过程中，你会急速掠过地球中心并在那里达到最高速度。地球中心的引力为0，你会在接下来的过程中稳定地减速直至抵达地球的另一边，那时你的速度正好为0。除非一个凯尔盖朗人在那瞬间抓住了你，否则，你又会掉回那个洞里并重复刚才的旅程，无限循环。你完成了一个真正的轨道运行，大约需要耗费 1.5 小时。

一些轨道的偏心率非常大，以至于它们或许永远不能绕回来。偏心率精确地为 1 时，轨道将呈现为抛物线；偏心率超过 1 时，轨道会呈现为双曲线。要想直观地了解这些形状，可以试试将电筒光瞄准身旁的一堵墙。呈圆锥形的光线会在墙上映射出一个圆圈。现在，你可以将电筒光逐渐向上倾斜，你会看到墙上的圆圈会渐渐变为椭圆，且偏心率越来越高。当你的光锥完全指向上方时，那些依然落在附近那堵墙上的光线，全都形成了精准的抛物线。此时，如果你将电筒移动到靠墙更远点的地方，你会得到一条双曲线（露营时，很容易观察到）。任何按抛物线或双曲线轨迹运行的物体，其移动速度都很快，有的甚至会实现逃逸。天文学家们曾发现过以这样轨道运行的彗星，它们是深远的恒星际空间的来客，到内太阳系做了一次永不回头的旅客。

牛顿引力描述了宇宙间任何位置上任意两个物体间的相互吸引力，不管它们身在何处，不管它们构成成分如何，不管它们是庞然大物或是细如芥子。举例，你可以利用牛顿定律计算地 - 月系统过去与未来的运行方式。不过，当你加入第三个物体（第三个引力源）时，整个系统的移动会变得极度复杂。这个问题更多地被称为三体问题，这个三角家庭的三体系统产生了丰富的轨道变化。欲实现对这些变化的追踪，通常需要电脑来实现。

有关三体，一些聪明的解决方案值得关注。介绍一个被称为有限三体问题的案例可对其作简化：我们假设三体中某一物体的质量相比于其他两个物体无限小，小到甚至可以被忽略。在这样的近似估计下，我们能可靠地追踪这一系统中所有三个物体的运动过程。事实上，我们并未作弊。这样的例子在宇宙中非常多，比如：太阳、木星及木星的一个极小卫星，就非常典型。在太阳系中还能找到其他的类似案例，一大群岩石以稳定的轨道绕太阳运行，它们分布于木星运行轨道的前后各 5 亿英里（8 亿千米）处——特罗伊群小行星。它们在木星与太阳的引力作用下，被锁定在其环绕太阳的轨道上。

三体中的另一个特殊案例是在最近几年被发现的。假设三个物体的质量相同，且均跟随前一个星体移动，它们会在宇宙中产生8字形运动轨迹。与人们热衷于观看的发生于两个卵圆形赛道相交处的赛车的粉碎性碰撞不同，这个系统对参与者提出了更高的要求。引力要求这一系统在所有相交点处于“平衡”态。因此，与复杂的普通三体问题不同，这里所有的运动都发生在一个平面内。事实上，这个特别的案例确实太古怪、太罕见了。也许在整个银河系中也找不出这样的例子；也许在整个宇宙中也仅仅存在个例。这样一来，“8”字形三体轨道不仅成为了数学上的，更成为了天文学上的珍品。

除了极少数的个例，三个或更多物体间的相互引力终将导致它们的轨道如乱麻般的疯狂。要对它们进行描述，可以先在太空中定位几个物体。然后，依照物体与物体间的引力逐一地轻移每个物体，再重新计算新的距离产生的所有引力，无限循环。这份作业可不容易。太阳系即是一个典型的多体问题，小行星、卫星、行星，以及太阳均处于连绵不断的相互吸引状态。对此，牛顿操碎了心，他无法用笔和纸来解决。他害怕，太阳系事实上处于一个不稳定状态且终将崩溃，最终，太阳系中的行星将冲进太阳或飞散向外太阳星际空间。

一个多世纪后，18世纪的法国天文学家、数学家皮埃-西蒙·拉普拉斯（Pierre－Simon de Laplace）在他的论文《天体力学》中为太阳系的多体问题提供了一种解决方案。不过，在解决这一问题之前，他必须发明一种新的数学方法，这种方法今天被称为摄动理论。首先，假设只存在一个主要的引力源，而其他的力作用是微小且恒定的——这完全符合太阳系的主流情形。然后，拉普拉斯通过分析，证实了太阳系是稳定的。

它真是稳定的吗？现代分析证实，在以亿年计的时间尺度上——这比拉普拉斯考虑的时间范围可长得多——行星的轨道是混乱的。这一分析显示，水星或许会坠毁于太阳中，冥王星或许会被整体抛出太阳系。更糟糕的是，太阳系在诞生之初或许还有别的十多颗行星，今天，它们早已迷失于星际。

太空推特 16 号@ 泰森

双恒星系统的轨道是不稳定的。行星必须远离双恒星形成轨道。需要让行星相信，它只是绕着一颗恒星打转。

2010 年 7 月 14 日早上 6：03

如果你能以某种方法凌空于太阳系平面之上，你会看见太阳附近的恒星以每秒 10—20 千米的速度正靠近或远离我们。不过，那些恒星均是以宽大的、接近圆形的轨道绕着银河运行的，速度均超过了每秒 200 千米。银河中数以千亿的恒星，绝大多数处于一个宽广的、扁平的碟子中。就像别的所有旋涡星系中运行于轨道上的物体一样——星云、恒星，及其他银河中的组成部分，都在一个大大的圆形轨道上熙熙攘攘地运行。

如果你继续升高自己的位置到达整个银河的盘面之上，你会看见漂亮的仙女座星系，就在距离我们 230 万光年远的地方。它是距离我们最近的旋涡星系。目前所有可获取的数据均显示，我们正处于碰撞的过程中，正以前所未有的深度投入彼此的引力怀抱。某一天，恒星与碰撞后的气体星云所形成的歪七扭八的残骸会散落于四处，我们也在其中。这天，或许只需要再等待 50 亿—60 亿年。当我们能更好地测量相对运动时，天文学家也许能发现某个强力的侧向运动力量会施加于我们那拥抱彼此的运动之上。如果这是正确的，银河系与仙女星系将不会相撞，它们会以狭长的轨道踏着摇摆的舞步彼此错身而过。

无论何时，只要以弹道运行，就开始了自由落体。牛顿阐明过的轨道上的那些石头，每块都在以自由落体的方式掉向地球。处于地球轨道上的那些物体也在以自由落体的速度向地球掉落，不同的是，它们的侧向移动阻止了自己的掉落。国际空间站、月球皆如此，与牛顿的石头一样，它们都由巨大的侧向移动速度阻止了它们被砸向地表。

所有的以自由落体轨道运行的宇宙飞船，皆具有一个迷人的特性——持续的失重状态。在自由落体中，你和你周围的所有东西都以完全相同的速率下降。在你的脚掌与地面间放置的秤也以自由落体状态下降。因为没有力对秤产生了挤压，所以它的计数表显示为0。正是基于这个原因，宇航员在太空中才会处于失重状态。

不过，在宇宙飞船加速、开始旋转、或受到地球大气的阻力时，自由落体状态就终止了，宇航员会再次获得一点重量。科幻粉丝们都知道，如果使宇宙飞船以适当的速度旋转，或使宇宙飞船按照它掉落向地球的加速度作加速运动，你的重量将得到恢复且与医疗秤上所称量出的数据完全一致。因此，在那些漫长无聊的太空旅程中，你可以时常模拟地球重力。

牛顿的轨道理论中的另一个著名应用就是弹弓效应。太空机构经常从地球发射探测器。通常，探测器携带的能量太少，不足以让其抵达目标行星。为了解决这个问题，轨道天才们将探测器瞄准了一些轨道，让探测器能游近一些较大的移动引力源，比如木星。探测器按与木星运动相同的方向向木星掉落，在该过程中，探测器能获得与木星自身轨道速度相同的速度，然后像一个回力球那样被抛向前方。如果行星的排列距离合适，探测器可在游移过土星、天王星或海王星时，依次重复这个动作，获得更多的额外能量。即使只经过一次木星的弹射，探测器穿过太阳系的速度也将翻倍。

银河系中移动最快的恒星，即我们口头所说的“以轨道方式运行”的那些恒星，也是那些在银河中心处的超大质量黑洞周围飞掠的恒星。向这一黑洞（或者任何黑洞）降落时，恒星将被加速，甚至接近光速。宇宙中，没有别的任何物体能发出如此大的引力以使另一物体加速到这样的程度。如果一颗恒星的轨道稍微游移向黑洞的侧面，其速度能实现近距离逃逸的话，它会逃过被黑洞吞食的结果。不过，在接下来的路途中，它的速度会得到显著增加。可以想象，若有几百颗或几千颗恒星加入了这样的狂欢活动，会呈现出一幅怎样的场景。而这样的场景，在多数星系中央都能检测到。天体物理学家将此类星球体操看作黑洞存在的确凿证据，这也是黑洞存在的如山铁证。

我心中的理想居住地，引力最好能尽可能的低，低到我能将棒球扔到太空中去。要实现这样的理想不会太难。不管你扔出去的速度有多慢，在太阳系中的某处，总有颗小行星为你准备好了恰到好处的引力让你实现这一动作。需要提醒的是，扔球时不可太用力。如果棒球的速度太快，其偏心率也许会达到1。这样，你会永久地失去它。

15　太空竞赛

1957年10月初，在哈萨克斯坦共和国的锡尔河（Syr Darya）畔，一束光芒点亮了夤夜（当时纽约的官员们正享受着他们的午睡时光），苏联的火箭科学家正将一枚直径2英寸（5厘米）、光亮铝制的圆球发射到地球轨道。当纽约市民进行晚餐时，这一圆球已完成了其环绕轨道的第二圈运行。苏维埃将他们的胜利告知了华盛顿：斯普特尼克1号，人类的首个人造卫星正以每96分钟1圈的速度呈椭圆形绕地球运行，达到的最高海拔将近600英里（965.6千米）。

斯普特尼克1号成功发射的次日晨，即10月5日，关于这一卫星升空的报道出现在了《真理报》上，这是一份执政的共产党的官方新闻报。(顺便提一句，“斯普特尼克”的简单理解指“卫星”，更广义地理解指“同路人”。）在几段简短的事实陈述后，《真理报》采用了一种庆祝的语气，并以一段宣传作为结语：

> 第一颗人造地球卫星的成功发射，为世界科学与文化的宝库做出了重要贡献——人造地球卫星将为行星际间的旅行做好准备，并用时代见证了，新社会主义的解放后的勤劳的人民如何将最无畏的人类梦想转变为现实。

山姆大叔与红军之间的太空竞赛开始了，第一回合以美俄其中一方被击倒而结束。业余的无线电爱好者能在20.005兆赫上追踪那颗卫星所持续发出的哔哔声并见证它的存在；野鸟观察员与观星者一类的人，能用他们的双筒望远镜看到这颗闪亮的小球。

这仅是开始，苏联不仅赢得了第一回合的胜利，甚至赢得了所有回合的胜利。确实，1969 年，美国将首个人类送上了月球。但让我们先克制一下内心的狂热，看看苏联在太空时代前 30 年间的成就。

除了成功发射首颗人造卫星外，他们还将首只动物（莱卡犬，流浪狗）、首个人类（尤里·加加林，战斗机飞行员）、首名女性［瓦伦蒂娜·捷列什科娃（Valentina Tereshkova），跳伞运动员］，以及首名黑人［阿纳尔多·塔马约－门德斯（Arnaldo Tamayo－Méndez），古巴战斗机飞行员］送上了轨道。他们还首次将多人团队及国际团队送上了轨道。他们实现了首次太空行走，发射了首个空间站，首次将载人空间站放进了长期运行轨道。

太空推特 17—18 号@泰森

50 年前，苏维埃将尤里·加加林送入了地球轨道。他是第 4 个达成这一壮举的哺乳动物。

2011 年 4 月 12 日上午 10：04

仅供参考：抵达地球轨道的哺乳动物的顺序：狗、豚鼠、小鼠、俄国人、猩猩、美国人。

2011 年 4 月 12 日上午 10：20

苏维埃还是首个实现卫星环绕月球轨道运行的国家。他们首次将无人舱着陆在月球上，首次在月球上拍摄到地出，首次拍摄到月球的另一侧，首次在月球上放出月球车，首次将卫星放到环绕月球的轨道之上。他们首次实现了火星及金星上的着陆。与斯普特尼克 1 号的 184 磅（84.46 千克）及斯普特尼克 2 号（30 天后发射）的 1 120 磅（508 千克）体重相比，美国计划发射升空的首颗卫星体重仅略大于 3 磅（1.36 千克）重。在美国太空计划中尤其令人屈辱的是，美国在斯普特尼克之后尝试的首次火箭发射时间是 1957 年 12 月初，火箭爆燃在（轨道内）海拔 3 英尺（91 厘米）处。

1955 年 7 月，在白宫的演讲台上，艾森豪威尔总统的新闻秘书宣布了美国的目标，要在国际地球物理学年（1957 年 7 月至 1958 年 12 月）期间成功地将“小”卫星发射到轨道上去。几天后，苏维埃太空委员会主席发出了一份相似的通告。苏维埃社会主义共和国联盟将在“不久的将来”再送一些他们自己的卫星上去。

事实上，他们确实做到了。

1957 年 1 月，苏维埃导弹专家谢尔盖·科罗列夫（Sergei Korolev）（在苏维埃的出版物中，他从未以姓名的形式出现过）警告他的政府，“美国已宣称他们的火箭能飞得更高更远，超过世界上所有的火箭”，以及“美国正准备着在最近几个月内进行一次新尝试，发射一颗人造地球卫星。为了达成这一首要目标，美国愿付出任何代价”。他的警告起效了。1957 年春天，苏维埃开始了测试轨道卫星的前期工作，他们开始尝试将能够承载 200 磅（90.7 千克）重量的洲际弹道导弹发射升空。

8 月 21 日，苏维埃在第 4 次尝试中成功了。导弹与荷载从哈萨克斯坦一路高歌奔向了堪察加半岛（Kamchatka）——飞行了大约 4 000 英里（6 437 千米）远。塔斯通讯社，这一苏维埃的官方新闻机构一反常态地将这一事件向全世界进行了报道：

> 几天前，一个超远程的洲际多级弹道导弹成功发射了……这一导弹飞行的海拔达到了前无古人的高度。导弹在短时间内越过了超远距离，击中了预定目标区域。这一事件说明了，向地球上任一区域发射导弹的可能性是存在的。

强悍的话语，足以威慑任何敌人。

同时，英国的一份周刊《新科学家》，在 7 月中旬向他的读者告知了苏联在太空竞赛中的地位正不断拔高。周刊甚至还发布了一条轨道的参数信息，苏维埃即将向这条轨道上发射卫星。然而，美国却几乎没有关注。

9 月中旬，科罗列夫告诉一群科学家，俄国即将发射“以科学为目的的人造地球卫星”。苏维埃科学家、美国科学家均注意到了这个问题，而美国政府却几乎没有关注。

时间来到10月4日。

斯普特尼克1号让许多如沙中鸵鸟般的人儿如梦初醒，某些掌权人变得暴跳如雷。时任参议院多数党领袖的林顿·B. 约翰逊（Lyndon B. Johnson）警告道，“［苏维埃人］很快就将从太空中向我们头上投掷炸弹了，就像顽童在高速路的天桥上向车顶扔石头那样。”其他一些人则急于将卫星的地缘政治意义与苏维埃社会主义共和国联盟的能力进行弱化。国务卿约翰·福斯特·杜勒斯（John Foster Dulles）写下了一段话，称斯普特尼克1号的重要性“不应被夸大”，并为美国的不作为进行了如下粉饰：“一个能指挥全体人民行动与资源的专政社会，经常能制造出壮观的成绩。但这并不能证明，自由不是最好的方式。”

10月5日，在一个头版大字标题的下方［在报道纽约城感冒大流行，以及种族隔离主义者阿肯色州州长奥瓦尔·福布斯（Orval Faubus）小岩城对决的封面新闻旁］，《纽约时报》发表了一篇文章，列有如下的保证：

> 军事专家说过，在可预期的未来，卫星并不会有实际的军事作用……它们真正的意义在于为科学家研究太阳、宇宙辐射、太阳辐射干扰，及静电生成现象的本质提供重要的新信息。

什么？没有军事用途？卫星仅用于监测太阳？幕后的战略家们可不这样认为。从10月10日艾森豪威尔总统与他的国家安全委员会举行的会议的摘要中可以看出，“美国一直关注着第一颗人造地球卫星发射对冷战的意义。甚至美国的最佳同盟国也要求确认，我们在科学上和军事上并未被苏维埃社会主义共和国联盟超越”。

貌似艾森豪威尔无须担心美国老百姓的反应，因为大多数老百姓仍然泰然自若，当然这也许是因为他的胡说计划发挥了魔法效应。不过，不管是什么在起作用，结果是许多业余无线电爱好者无视了那哔哔声；许多新闻报纸也将与卫星相关的文章放到了第三页或第五页；在一次盖洛普民意调查中发现，华盛顿和芝加哥有60%的受访者认为美国将会是下一个闪耀太空的国家。

美国的冷战战士已在太空的军事潜能面前完全觉醒，他们意识到了美国在战后的威望与能力受到了挑衅。一年之内，帮助重塑这一威望与能力的投资涌入了科学教育、大学教师培训，以及对军事有用的研究中。

回到1947年，总统先生的高等教育委员会提出了一个目标：1/3的美国年轻人应该完成四年制大学教育。严谨地说，1958年国防教育法案是推动该目标的关键。它为本科生提供了低利率的学生贷款，还为几千名研究生提供了总计达3年的国防奖学金。在斯普特尼克成功之后，美国国家科学基金会的资助上涨了3倍；到1968年，基金会的资助金额已达到了斯普特尼克发射之前所拨付金额的12倍。《1958美国国家航空暨太空法令》孵育出了一所全新的、可提供全方位太空服务的民用机构，称作国家航空航天管理局——NASA。美国国防部先进研究项目局，简写为DARPA，也在同年诞生（同年诞生的还有我）。

所有的这些倡议与机构将最优秀的美国学生导向了科学、数学，以及工程学。政府对其给予了很多支持；那些领域的研究生在战时能享受延迟征召；同时，联邦资助教育的理念也被确认了下来。

无论是以何种名义、办法，必须有某种类型的卫星尽快发射升空。幸运的是，在不久后，享受第二次世界大战的红利，美国得到了一位能挑战谢尔盖·科罗列夫的可敬人物：德国工程师与物理学家韦纳·冯·布劳恩。冯·布劳恩是为德国纳粹研发恐怖的V-2弹道导弹小组的前领袖，同时，我们还得到了他们小组的其他一百多名成员。

冯·布劳恩并未被当作战犯送往纽伦堡接受审判，他反倒成了美国的救星，成了美国太空计划的先驱与公众形象。他的首个备受瞩目的任务，就是为保障美国首颗卫星的首次成功发射提供帮助。1958年1月31日——距离斯普特尼克1号环球之旅后不到4个月的时间——他同他的火箭设计员们将30磅（13.6千克）重的探索者1号，及附加其上的18磅（8.16千克）重的科学仪器发射进了轨道。

太空推特19号@泰森

轨道上的物体具有很高的横向速度，所以，它降落向地球的趋势速度与其下方圆形地球曲面的运行速度完全相同。

2010年5月14日上午11：56

欲将速度提升至轨道速度——大约每小时108 000英里（173 809千米），那么，在升空的过程中最好不让火箭承载固定负载。火箭的发动机很重，燃料箱很重，燃料本身也很重，每携带1千克不必要的质量进入太空往往需要多消耗数千千克的燃料。解决这个问题的方案是多级火箭——第一级火箭燃料箱中的燃料消耗完毕即扔掉，依此类推，以达到降低重量的目的。

发射探索者1号卫星的火箭（木星C探空火箭）就是多级的。点火时，装备好全部燃料的木星C探空火箭重达64 000磅（29 029千克）；最终，它的重量将变为80磅（36.28千克）。

就像发射了斯普特尼克1号的R－7火箭一样，木星C探空火箭也是改良后的武器。科学只是军事研发的第二、甚至是第三副产物。冷战斗士想要的是更大的、更具死亡威胁的弹道导弹，并将导弹鼻锥体中塞满核弹头。

“高地”是军队最好的“朋友”。在轨道中环绕地球运动的卫星就是理想的“高地”，它们到达地面上的任一目的地最多只需要45分钟。托斯普特尼克1号及其继任工作者的福，苏维埃社会主义共和国联盟占领着那块“高地”直至1969年。这年，承蒙冯·布劳恩及其同事的恩惠，美国的土星5号火箭将阿波罗11号的宇航员送上了月球。

如今，不管美国人是否明确，一场新的太空竞赛正进行着。这次，美国的对手不仅是俄国，还有中国、欧盟、印度，以及其他更多国家。也许，这将会是一场同路人之间的竞争，而非潜在敌人间的争斗。这次竞争，各国将投入更多资源到科学与技术革新孵育领域，而不是竭尽全力地去控制“高地”。

16　2001年——现实对决幻想

久候而来的一年，又匆匆地离去。曾经，我们从斯坦利·库布里克（Stanley Kubrick）的《2001：太空漫游》中看到了太空的未来。真到了2001年，我们却只看见自己那低劣的、为世俗利益所束缚的生命。在幻想与现实之间，我们终未逃脱那毫无休止的比较。我们没能拥有月球基地，我们也未能用特大号宇宙飞船将休眠中的宇航员送去木星。不过，我们仍然在宇宙探索中坚持进行着长途跋涉。

有时，人们会用怀旧的色彩裱在NASA的黄金岁月上：水星计划、双子座计划，以及阿波罗计划（该计划实现了1969年人类首次登月）都发生在NASA的黄金岁月中。但我认为，以足迹所达的地方来衡量我们在宇宙问题上的努力是否成功是错误的。同时，我们也不应采用有多少人注意了我们的发射进度、或有多少人能回忆起我们的宇航员，来判定我们是否成功。

事实上，正好相反，我们应采用有多少人未关注这一领域来评定我们的成就。通常，某样成果成为了文化的一部分，必然是这一成果的元素渗透得非常普遍，以至于人们不再对其感到惊讶。这并非人们对其失去了兴趣，而是人们无法想象没有它的存在，世界会变成什么？

今天，横亘于人类探索宇宙征途中的最大障碍，除了金钱与其他政治因素外，还要加上恶劣的不适宜生物生存的生态环境。显然，我们需要自我改进，把改进后的自己送往太空。改进后的我们能忍受极端的温度、高能的辐射，及匮乏的空气，还能完成一轮完整的科学试验。

非常幸运，我们发明出了这样的玩意儿：太空机器人。外观上，它们或许不像人，我们也不必用人的名字称呼它们。但它们代替我们进行着星际探索。你不需为它们的食物担心。即使你不将它们带回故乡，它们也不会因此而不悦。我们今天已拥有了较丰富的太空机器人，这些探测器包括监测太阳的、环绕火星的、穿过某颗彗星尾巴的、绕着某颗小行星的、绕着木星的，以及飞向土星的。很快，我们将实现人类的首次冥王星之旅（这段文字写作于2001年。2015年，“新视野”号已实现了冥王星之旅）。

我们早期发射的4架太空探测器拥有足够的能量与正确的轨道，它们完全有能力脱离太阳系。每个探测器上都携带了与人类相关的编码信息，提供给那些也许存在的智慧外星人。

尽管人类还没有在火星或木星的卫星之一欧罗巴上留下足迹，我们的太空机器人却已从这些世界发回了令人信服的证据，证实其上有水的存在。这些发现点燃了我们的幻想，也许在未来，我们能在那里发现生命。

我们还维护着数百颗通信卫星，以及12架位于太空的望远镜，能够在光的不同波段上观看宇宙，包括红外线与伽马射线。微波波段能让我们寻找可观测宇宙的边缘，在那里，我们寻找着大爆炸的证据。

我们也许还没有行星际的殖民地，也没有实现别的其他幻景，但因为上述的那些成就，我们在宇宙中的存在感却以指数方式在增长。在某些方面，在2001年，实际的太空探索与库布里克的电影中的描述已非常相似。除了大量的机器人探测器，我们还有在天空中静静地跳着芭蕾的设备。国际空间站正处于建设之中，如同《2001：太空漫游》电影里的描绘。这个空间站的装备组件，由可重复使用的、能够对接的航天飞机（这些航天飞机的侧面写着“NASA”，而不是“泛美航空”）运送而来。

库布里克电影中有的，而我们却没有的，则是那充塞于宇宙真空中的约翰·施特劳施的“蓝色多瑙河”华尔兹，以及那台名为哈尔（HAL）的杀气腾腾的中心电脑。

17　发射正确的东西

2003年，在德克萨斯州中部，哥伦比亚号航天飞机碎成了片。2004年，乔治·沃克·布什（George W. Bush）总统宣布了一项长期的太空探索计划，欲将人类重新送上月球，然后，进一步将人类送往火星甚至更遥远的地方。在当时及随后的数年，火星探索车诞生：勇气号与机遇号，其诞生地是NASA的喷气推进实验室（JPL）。因这些机器人具备野外地质学家的技能，它们赢得了科学家与工程师的满堂喝彩。

这些事件与其他事件的汇合，重新激起了一个长久以来一直存在的辩论："在载人航天计划历史中，有超过130次的航天飞机任务出现过2次失败；载人航天项目相对机器人项目的花费更加巨大。因此，将人类送进太空的合理性引起了人们的争论，是否用机器人代替人类更加合理？或者，是这个社会政治上的瑕疵，还是单纯因为我们无法负担，而不能追逐宇宙探索的梦想？"作为一名天体物理学家，一名教育者，一名公民，我必须就以上问题说出自己的想法。

自1957年起，现代社会就一直尝试将机器人送进太空。从1961年起，开始尝试将人类送进太空。事实是，运送机器人的成本远低于运送人类的成本——多数情况下，前者的成本仅占后者的2%。机器人并不在乎太空的冷热。给予它们合适的润滑油，它们就能在一个宽泛的温度范围内工作，它们不需要复杂的维生系统。机器人能维持长时间绕行星及在行星间移动，不用关注电离辐射的困扰。机器人不会因长时间暴露于失重环境而发生骨质流失，因为它们无骨骼。机器人也没有卫生间的需求，你甚至无须给它们投食。最大的好处是，当它们完成了自己的工作，即便你不将它们带回家，它们也不会抱怨。

鉴于以上分析，如果我们对宇宙探索的唯一目标是进行科学研究，如果我们需要对投入和产出做科学计算，通过严肃的思考后你会发现，将人类送进太空不具有合理性，我们更愿送50个机器人去往那里。

站在这场争辩中的另一方则认为，与最全能的现代机器人不同，人类被赋予了实现偶然发现的能力。除非仿生神经生理学计算机工程师能做到将人类的大脑无损复制入机器人，否则，我们对机器人的最大期望只能维持在“按照人类预先的编程而搜寻目标”的水平。机器人无法实现革命性的科学发现，毕竟它们是在硬件与软件中植入人类期望的机器。事实上，机器人很难或者不能发现人类事先不曾预想或不曾预编程的非期望事件。

过去，人们通常将机器人想象为一个大块头的硬件，有头、脖子、躯干、手臂、腿，也许还得有些轮子让它们四处活动。我们可以对着它们讲话，而它们也能回应我们（当然，是机器人式的对话）。标准的机器人在外观上会或多或少地与人相似。

即使某个机器人看上去与人不类似，它的管理者也会将其以类似活体的形式呈现给公众。比如，NASA的每一部火星车，在JPL的出版资料中都被描述为具有“身躯、脑子、手臂、腿、脖子与头，眼睛及其他感觉器官”。2004年2月5日的一份状态报告中曾有如下描述，“勇气号比平常的日子早醒了一点……目的是为了准备它的记忆体‘手术’。这辆火星车第19次遥测了博纳维尔的一个陨坑边缘及周围的泥土，在完成工作后，勇气号打了个盹，休息了一个小时多一点。”

抛开所有这些拟人化的词语，我们能见到的是，机器人具有各样的形状。它就是一个自动化的机器，可以完成我们交给它的任务——让它以更快的速度重复某项动作，让它的稳定性超过人类的平均水平，让它完成人类仅依靠5种感官知觉无法完成的事情。火星漫步者看上去似乎更像玩具平板卡车，不过，它们能从岩石的表层擦磨下一小块儿，运用显微镜和相机的组合检查新鲜暴露出的岩石表面并测定岩石的化学成分——与地质学家在地球上的实验室做的工作完全相同。

需要强调的是，事实上，人类地质学家是不能独自开工的。没有某类器械的辅助，仅凭个人的能力无法擦磨岩石表层，这也解释了野外地质员为何总带有一柄锤子。此外，若需对某块岩石作进一步的化学分析，地质学家还需借用另一类仪器，一类可测定岩石化学成分的设备。这给我们带来了一个不好回答的问题——火星上的野外地质学者需要每日穿过火星陨坑或岩层时拖着仪器展开泥土、岩石、地形及大气测量；如果你能用机器人拖着相同的仪器开展研究，何需将野外地质工作者送去火星？

还有一些反对的声音，机器人不能完全替代地质学家。通常，火星车被设计为移动10秒后停顿20秒时间，以对其当前环境[illegible]动作无限循环。如果，火星车移动的速度过快，也许会被[illegible]四脚朝天，变得如肚皮朝天的加拉巴哥象龟那样无助。[illegible]探索者则能大步迈过，继续前行，因为人类擅长于避开岩石。

回看20世纪60年代晚期至70年代早期，正值NASA的载人航天飞行任务飞向月球的日子。没有哪个机器人能决定，该捡起月球上的哪块鹅卵石并将它带回家；但阿波罗17号宇航员哈里森·施密特（唯一的登月地质学家）在月球上注意到了一些奇怪的橙色泥土，他收集了一份样本并最终证明了它们是微小的火山玻璃珠。今天，机器人能进行令人震惊的化学分析，并能传输令人震惊的细节图像，但它绝不能像施密特那样能对意外发现作出有效反应。

在火星上成功着陆之后，勇气号火星车就开始正确滚下它的着陆架并开始检验周边环境了吗？没有，它的安全气囊挡住了它的前行之路。直到12天后，勇气号的远程控制器才成功地使6个轮子辗上了火星的土地。人类绝不需要那么长的时间处理这次行动障碍。

现在，假设我们能在少数一些事上达成共识：“人类能注意到意料之外的偶然事件，并能对未知环境做出应对，还能用机器人不能选择的方式解决问题。”总结起来，将机器人送入太空在经济上是便宜的，但它们只能完成预先设定好的分析，事实上，与科学结果相关的并非只有经济投入，探索过程中产生的疑惑也非常重要。

第一批从穴居家庭中向前方冒险、穿过山谷或攀上山巅的类人猿们，并不是为了什么科学发现，而是因为一些未知的东西真实存在。也许，他们是在寻找食物、寻找更好的避风港、寻找更有希望的生活。不管出于什么目的，他们有迫切的需求去探索。探索这一驱动力也许是刚性的，深植于人类这一物种的行为特征。将人类送到火星上，让他能看看那里的岩石、找找山谷里都有什么，是普通人类在地球上经常做的事情的自然延伸。

我有许多同事认为，多数科学研究并不需将人类放进太空也能展开。我想单独强调一下，如果你找到那些在40—60岁之间的家伙，问问他们是什么激励了自己成为科学家。他们多数会（至少在我的经验中）提及那项知名度甚高的阿波罗计划。这一计划开展时正值他们的青春时代，令他们兴奋。此外，他们或许还会提到奠基了太空时代的斯普特尼克1号的发射。他们鲜有人会将自己成为科学家的兴趣归功于“在斯普特尼克号之后，美国与苏联发射的数目众多的无人卫星及太空探测器”。

如果你是在被火箭送往远方的宇航员们的鼓舞下加入太空项目的一流科学家，且依然不主张将人类送往太空的计划，我会坦率地告诉你：你这个想法会在事实上断绝下一代学生走上你的曾经之路。我们不仅应让机器人使者，更应让人类走在探索的前沿。

每当海登天文馆举行活动邀请了某位宇航员时，参加活动的人数皆会有一定程度的提升。人们一直追求着宇航员的亲笔签名，即便是大多数人从未听说过的宇航员，任何宇航员都能得到这一殊荣。

当然，人们也会因机器人而兴奋。2004年1月3日至1月5日，在NASA的网站上，跟踪火星车的活动链接一直保持着高点击率，甚至超过了5亿次——准确数字是506 621 916。这成为了NASA的一个纪录，在那3天时间里，NASA网站的流量超过了全球网络中最大色情网站的流量。

这或许是个左右为难的问题，解决方案其实很简单：将机器人和人类都送进太空。宇宙探索并非一个二选一的交易，因为我们不能回避一个事实，机器人能更好地适应于某些特定任务，而人类适合完成一些机器人无法执行的任务。

有一件事可以肯定：在未来的 10 年，美国将召集分别来自数十个专业领域的大量的科学家、工程师，宇航员也将接受系统的训练。比如，在火星上寻找曾经存在过的生命的痕迹，就需要拔尖的生物学家。由于生物学家对行星地形学不熟悉，地质学家与地球物理学家同往则具有了必要性。同时，化学家也是必要的，他们能检验大气和泥土的样本。如果火星上曾出现过生命的繁荣，我们应能找到残骸形成的化石，我们或许还需要少数的古生物学家的帮助。

那些天才的科学家与技术人员从哪里来？他们将由谁招募？如果我演讲时会面对一群学生，其年龄大到能自行决定他们的未来；如果年轻的他们不会因沸腾的荷尔蒙而迷失方向，我会向他们提供可口的胡萝卜，鼓励他们成为科学家。要做到这点并不难，我只需将学生们介绍给某些宇航员，分享他们在太空探索中看到的宏大视野，就能吸引学生们加入。

20 世纪的美国，在安全与经济上的成就必须感恩于它对科学与技术的投入。在过去几十年中，一些最为革命性的（适合在市场贩售的）技术通常脱胎于那些标榜着美国太空探索的研究：肾透析仪、可植入的心脏起搏器、准分子激光视力矫正手术、全球定位卫星、桥梁与碑座（包括自由女神像）用的耐腐蚀涂层、可以生长植物的水培系统、飞机的防撞系统、数码成像、手持式红外相机、无线设备、运动鞋、耐刮划太阳眼镜、虚拟现实。

就问题的解决方案而言，其通常受对目标进行研究的直接投资而左右，但具有革命性效果的解决方案通常出现于学科交叉中。医学研究人员或许永远无法知道 X 射线，因为它并非自然地存在于生物系统中。物理学家威廉·康拉德·伦琴（Wilhelm Conrad Röntgen）发现了它们，它们对医学产生了重要影响。

再举另一个学科交叉的例子。1990 年 4 月，哈勃太空望远镜升空后不久，NASA 的工程师便意识到望远镜的主反光镜（会将来自天体的光线收集起来并反射到望远镜的相机与光谱仪上）被磨制成了错误的形状。换句话说，这台价值 15 亿美元的望远镜在那种条件下生成的图像是模糊的。

这可不是什么好事情。

人们赶紧寻找计算机算法以救场。马里兰州巴尔的摩（Baltimore）的太空望远镜科学研究所的研究人员开发了一系列精巧且具革新性的图像处理技术，以对哈勃的一些缺点作修补。现实中，从一幅模糊的天文图像中提取最大化信息量的技术，与从乳腺 X 光片中提取最大化信息量的技术完全一致。很快，这项新技术在检测乳腺癌的早期标志中得到了广泛应用。

1997 年，在哈勃的第二次维护任务（第一次发生于 1993 年，修正了有缺陷的光学组件）中，航天飞机上的宇航员为哈勃换上了一块全新的、高像素的数码传感器。数码传感器应天文学家要求的规格而设计，可满足他们的专业需求，能看见宇宙中小尺寸的、暗淡的东西。今天，这个技术被微创与低成本乳腺活检的系统吸纳，并进一步应用于对癌症的早期诊断。

为什么研究人员未将检测乳腺癌这一艰巨任务作为直接目标？为什么医疗领域的革新需要等待哈勃在太空中发生的瑕疵？我给出的答案或许未必政治准确，但它却是真相：当特殊任务进行组建时，某些具有非凡才能的人被吸引集中起来，他们并非是受激励于拯救世界于癌症、饥饿或瘟疫。

今天，当有足够的资金支撑野心十足的长期项目时，科学与社会间的学科交叉就会被激发。一代本将成为律师或银行投资家的人，因响应约翰·肯尼迪总统于 1961 年发布的一份富有挑战性的愿景而成为了科学家与工程师。美国从这一代人的身上获益良多。“我们希望在月球上空降一个人”，肯尼迪宣布，欢迎全体公民为这一努力伸出援手。那代人与发明个人电脑的技术人员同时代。比尔·盖茨（Bill Gates）是微软的创始人。美国将一名宇航员成功着陆在月球上时，比尔·盖茨 13 岁，史蒂夫·乔布斯（Steve Jobs）（苹果电脑公司的共同创始人）14 岁。个人电脑并不来自于银行家、艺术家、专业运动员的脑海。它来源于一群受过技术训练的员工发明并发展而出。这些人响应了展开在他们面前的梦想，他们为成为科学家与工程师而兴奋。

是的，这个世界需要银行家、艺术家、专业运动员。与无穷尽的人海一起，他们定义了社会与文化的广度。技术专家们创造着未来，这对人类进入太空具有重要意义。

我期望着有一天，人类能像逛自家后花园一样在太阳系游荡——不仅有我们的机器人，还包括人类自己。

18 探测中的设备

2004年9月8日，由于其降落伞未能成功打开，NASA起源号计划中的科学装备以接近每小时200英里（322千米）的速度坠毁在了犹他州（Utah）的沙漠中。这艘太空飞船在距离地球近100万英里（161万千米）的距离上环绕太阳运行了3年，收集了太阳不断喷吐出的微小原子核。在这些原子核的丰度数据中，蕴藏着46亿年前太阳系形成时的原始物质组成信息。NASA科学家们满怀希望，希望自己仍能从起源号残骸中恢复出结果的一部分，以为他们付出的时间成本以及2.6亿美元的经济成本止损。

现在，NASA有两个机器人地质学家在火星表面上逡巡。虽然相对其预计寿命而言它们已超出了服役期，但它们仍在传回非常棒的火星表面图像——那些图像告诉我们，火星上曾有过流动水及大型的湖泊或海洋存在。火星全球探勘者号也同样在超服役期工作，它绕着这颗红色星球运行并给我们传回火星表面的图像。此外，欧洲航天局的火星快速轨道卫星于近期补充了大量的火星大气中存在甲烷的证据，这也许能追踪到活动的地下细菌克隆。卡西尼号宇宙飞船已经进入了环绕土星的轨道，它的惠更斯探测器将脱离并穿越烟雾弥漫的大气，降落到土星最大的卫星提坦上，在其表面着陆并探寻那里是否存在液态的甲烷湖或乙烷湖。如果证实了它们的存在，或许也证明了提坦本身就是生命存在地。我们还向水星发射了信使号探测器，它成为了距离太阳最近的行星探测器。

当我们试图将目光转向太阳系外那更广袤的宇宙时，我们在那阻碍视线的大气层外有了令人目眩神驰的宇宙飞船阵列，它们绕着地球运行。NASA在轨道上的钱德拉（Chandra）X射线天文台探测着来自远方宇宙中的 X 射线，比如在环绕饥饿的黑洞周围形成的骚乱的圆圈。NASA 的斯皮策（Spitzer）太空望远镜描绘着红外线，这是年轻恒星与恒星形成区域的名片。欧洲航天局的国际伽马射线天体物理学实验卫星研究着伽马射线，这是光能量中的最强形式，它探测着恒星的爆炸及其他剧烈的宇宙事件。NASA 的雨燕号伽马射线暴快速反应探测器搜寻着宇宙中最遥远地方爆发的伽马射线。同时，哈勃太空望远镜持续着自己的工作，直到更大的接任者詹姆斯・韦伯（James Webb）太空望远镜抵达轨道。后者将比之前的任何望远镜具有更深远的凝视能力，它能记录星系的形成及这些星系在大尺度范围上所描绘出的结构。

在太空中，我们似乎应醒悟，地球的大地并未显示国家的边界。更重要的是，在无尽的宇宙中，我们应自知自己的渺小。我们应当更加谦虚，并不断自我鞭策，对我们在宇宙所处的位置与地位不断求索。

19 以钟爱哈勃之名

一直以来，哈勃太空望远镜都是最有成效的科学仪器。在 2009 年的春天，它经历了第 15 次也是最后一次维修任务。从佛罗里达肯尼迪太空中心发射的航天飞机宇航员与望远镜的轨道进行了对接，完成了对它的捕获、保养、升级，及故障部件的替换（就在原地）。

哈勃与一辆灰狗公交车（灰狗公交是美国的长途公交车，与国内的单层长途汽车相近）的大小相当。哈勃在 1990 年随发现号航天飞机发射升空，早超过了其 10 年的预期寿命。对今天的中学生来说，哈勃一直是他们了解宇宙的渠道。最后的那次保养任务将哈勃的寿命延长了几年。除了一些常规操作，这次保养还替换了置于测量使用的高级相机中被烧毁的线圈。自其在 2002 年被安装以来，哈勃所产出的最具纪念意义的图像都与这台仪器相关。

保养哈勃需要精细的操作与灵巧的手法。我最近有机会拜访了 NASA 位于马里兰州的戈达德宇宙飞行中心。在那里，我戴上了臃肿的、加压的宇航员手套，拿了一把太空时代的便携式螺丝起子，还将自己的头塞进了一个太空头盔里并试着从一个测量用的高级相机模型中取出一块损坏的电路板——这就是安装哈勃组件的 1∶1的模型。这见鬼的操作需要我具有难以达成的灵巧度。事实上，我的模拟操作还是在非失重状态完成，我并非穿上全身的太空服并处于真实的太空中。

通常，我们会将宇航员想象为勇敢与高尚的。但在这种情况下，宇航员需要拥有的“品质”还必须包括能成为非凡的硬件手术师。

哈勃并非孤独地呆在那里。几十个不同尺寸、不同形状的太空望远镜环绕着地球与月球。它们在地球那不停涌动着的混浊大气之外，为我们提供着无阻挡的、无瑕疵的、未削减的视野。对大多数望远镜来说，人们在发射之初并未想过维护问题。部件用废了、陀螺仪失效了、电池不能充电了，这些硬件的现实情况限制了很多望远镜的期望寿命。

这些望远镜推进着科学的发展，但它们中的大多数并未引起公众的关注或赞美。它们被设计用以探测人类不可见波段的光，其中一些光甚至从未穿透过地球的大气。宇宙中所有级别的物体与现象，都可通过这些不可见的宇宙之窗被暴露。比如，黑洞就是靠它们的 X 射线名片被发现的——这些射线由环绕其周围的即将坠入黑洞的呈涡流状的气体所产生。望远镜还能捕捉微波辐射——宇宙大爆炸的主要物理学证据。

另一方面，哈勃是首个也是唯一的主要在可见光波上观察宇宙的望远镜。清晰的、色彩丰富的、细节细腻的宇宙图像使哈勃成为了另一种人类之眼，且位于太空中。哈勃始于 20 世纪 90 年代，正值因特网访问量呈指数增长的时代，也是它的数码图像首次向公众领域展示的时代。如我们所熟知，任何有趣的、免费的、可转发的东西都能在网络上迅速扩散。很快，哈勃传回的一张一张璀璨的图像，成为了电脑的屏幕保护图像或桌面壁纸。

事实上，哈勃确实将宇宙带进了我们的后院。更确切地说，它扩大了我们的后院，大到甚至能包裹宇宙。它通过知性的、可视的、无需标题的图像实现了这一目标。无论哈勃给出的图像是什么——行星、致密星域、色彩斑斓的星云、死亡的黑洞、优雅碰撞的星系、宇宙的大尺度结构——每幅图像都能刷新你对宇宙的认识。

太空推特 20 号@泰森

在哈勃的时代，夜空中闪烁着的点点星光成为了世界。这个世界成就了我们的后院。

2011 年 2 月 20 日下午 6：56

哈勃对科学做出的贡献是无可置疑的。其他任何学科的科学仪器产出的数据所发表的论文数量皆不能与哈勃相比。在哈勃的论文集锦中，有一论文解决了数十年来关于宇宙年龄的辩论。在这之前的数据非常糟糕，以至于天体物理学家难以达成共识。一些人认为宇宙年龄是 100 亿年；另一些人认为宇宙年龄是200亿年，这引起了人们的争论。哈勃的出现，使我们能准确测量远处某类特定恒星的亮度的改变情况。当我们将哈勃得出的信息放进一个简单的公式时，就算出了恒星与地球的距离。又因为整个宇宙以一种已知的速率进行着扩张，我们可将时钟回拨进行定量分析，以找到在什么时候宇宙中的每样东西均处于同一位置。我们得出了答案——宇宙诞生于140亿年前。

还有一个结果，人们一直怀疑它的真实性，哈勃对其作了确认——人们发现，包括我们银河系在内的每个大型星系，都存在一个质量超大的黑洞且位于中央位置，吞食着恒星、气体云及其他任何靠近它的物质。处于星系中央的恒星非常致密，以至于地球上的望远镜只能看见一片光芒所形成的斑驳的云——由成千上万的恒星形成的混浊图像。在太空中，哈勃那锐利的成像器使我们能单独地看见那些星星，并追踪它们的运动情况。人们发现，这些星星移动的速度远超它们应当运行的速度。一定存在某个小尺寸的、看不见的、威力巨大的引力源在牵引它们。方程被扭曲了，我们被迫得出在它们中间隐藏着一个黑洞的结论。

2004年，哥伦比亚号悲剧发生一年以后，NASA宣布哈勃将不会得到它的最后一次维护。令人惊异的是，意见最大、反响最激烈的人群并非来自科学家，而是来自普罗大众。他们像一群现代版的挥舞着火把的暴徒，他们写下了愤怒的社评、暴躁的致编辑信，还用无休止的广播与电视脱口秀节目，要求NASA恢复资金投入以让望远镜继续存活下去。最终，议会进行了听证并反转了决议。民主制出现了闪光时刻：哈勃确实得到了最后一次维护。在人类文明史上，公众首次拥有了科学仪器的所有权。

当然，也许没有什么是永不朽坏的，也许只有宇宙自己例外。因此，哈勃最终仍会死去。同时，詹姆斯·韦伯太空望远镜即将来临，它的设计更合理，将能看到比哈勃更深远的宇宙。它能直入银河系的气体云深处，寻找恒星的摇篮，探测宇宙最早的纪元，探求星系的自我形成。

2011年，NASA让老化的航天飞机退休了。这一举动使有关航天飞机的航空与航天工程师、整个装配线，以及资金流重新聚集到了一组新的发射载体上，这组载体被设计用来实现航天飞机所不能企及的任务——将人类带到近地轨道以外，带去更远的前沿视野。

20　40周年庆快乐，阿波罗11号

美国国家航空航天博物馆，不同于地球上的其他任何地方。如果你正招待来自其他国家的游客，如果他希望知道哪里能最好地诠释美国，请带他来这个博物馆吧。在这里，他能看见1903年的莱特飞行器、1927年的圣路易斯精神号、1925年的戈达德火箭、阿波罗11号指挥舱，以及轨道航天飞机的原型企业号。探索中那沉默的信标告诉我们，总有一些少数的冒险者愿付出生命的代价坚持发现。没有他们，我们的社会几乎寸步难行。

我们为1969年7月20日的登月而庆祝。40周年，这是一个挺大的数字。（诺亚）方舟在海中呆了多少天——40；摩西在沙漠里逡巡了多少年——40。

阿波罗时代振奋人心。我们中的许多人之所以站在这里，正是因为它的存在，我们坚持着奋斗。今天，我仍要提出以下质问：并非每人都是那份愿景中的一分子，并非每人都受到了它那振聋发聩的影响。听众们，请再感受一下那个时代，你们应该知道并理解前往太空这一旅程是多么地波澜壮阔。事实上，今天仍有许多人不知道不理解这一旅程的意义，甚至没有想过其意义。如今，世界上存活的人口中有2/3出生于1969年之后。

记得杰·雷诺（Jay Leno）为《今夜秀》做过采访。他走出去，到街上问行人一个简单的问题。一次，他走近一个才毕业的大学生，问道，“地球有多少颗卫星？”大学生回答道：“你怎能指望我记得这个问题？我修天文学已是两学期之前的事了。”

这让我感到震惊。

今天这里的许多人属于第一代美国太空探索者中的一分子，他们是宇航员，他们和我们在一起。那是英雄的一代，还包括那些从未飞行过的英雄，以及对我们的民族具有重要性却已逝世的人们。沃尔特·克朗凯特（Walter Cronkite）在上周五过世，享年92岁。起初，我为这个消息黯然神伤。很快我发现，这并不需要悲伤，我们或许应庆祝他获得了新生。克朗凯特是美国最可信任的男人。他是一个信念坚定的太空支持者。他主持过哥伦比亚广播公司（CBS）的晚间新闻，充满了机智、正直与激情。

我记得，孩提时，我首次听说了一个叫克朗凯特的人。除了沃尔特，你还知道别的什么人叫克朗凯特吗？我想，没有。所以，这个名字对我来说记忆深刻。

在有关沃尔特·克朗凯特的记忆中，有一条令我难忘，发生于我10岁那年。1968年12月21日上午7点51（就是那个预定的时间），阿波罗8号从肯尼迪航天中心起飞了。第一次有人类离开了近地轨道，第一次有人类的目的地离开了地球之外。在一次环绕飞行中，阿波罗8号绕着地球与月球打了个转，然后飞了回来。当沃尔特·克朗凯特宣布阿波罗8号指挥舱脱离地球引力的瞬间，我小小地吃了一惊。这怎么可能？当然，后来我才知道，他所指的是地球与月球之间的拉格朗日点——一旦超过那个点，你就会掉向月球，而不是掉回地球。因此，我从沃尔特·克朗凯特那里学到了一点物理知识。祝美国的这一声音成功，它来自于一位逝于阿波罗11号40周年庆的人，他不走寻常路。

渡过了忙碌的一周，我们失去了沃尔特·克朗凯特，我们收获了一些任命。美国参议院确认了NASA的新任行政长官与副长官为小查尔斯·博尔登（Charles F. Bolden）与洛丽·加弗（Lori B. Garver）。洛丽·加弗，她的一生都属于太空，她在1983年开始为约翰·格伦工作，她曾是国家航天学会的执行主管及首都空间有限责任公司的董事长。我认识洛丽·加弗已经15年了，我认识查尔斯·博尔登也有15分钟了。查尔斯·博尔登看上去就是来自核心阵营的人：做了40年公共服务业，曾是海军陆战队战斗机飞行员，成为NASA宇航员团队的一员业已14

年。审议听证会的开场就如同一场爆棚的人气秀，参议员皆异口同声，“这一人选必须是查理（查理即查尔斯的昵称）。”

我肯定，NASA 绝不会在真空中做出决定。我曾参加过两个服务于NASA 的委员会：美国航空航天产业未来委员会（2002 年的最终报告题为《无问何人、何事、何方、何时》）及美国太空探索政策实施总统委员会（2004 年的最终报告题为《通向激励、革新与发现的旅程：月球、火星及远方》）。我们曾试着研究什么为是，什么为非，研究什么是应该的，什么是可能的。作为委员会的一员，我记得自己曾遭到过公众与航天圈内人士的攻击。就 NASA 应该做些什么事情，似乎大家都有自己的想法。一些人渴望着火箭的新设计，一些人渴望着新的目的地，一些人渴望着新的推进剂。最初，我认为他们是在严重妨碍我的工作。后来，我渐渐意识到有如此多的人为 NASA 出谋划策是个好现象，这不是坏事。我甚至应该为此欢呼，因为那是人们对 NASA 的未来所表达出的爱。

这个机构持续寻求着专家的输入。目前，由诺姆·奥古斯丁（Norm Augustine）牵头的一个委员会正在研究 NASA 的载人航天计划前景（2009 年的最终报告题目为《谋求一项与一个伟大国家相称的人类航天计划》）。你可以到网站 hsf. nasa. gov（“hsf”，即人类航天飞行的缩写）上将自己的构想告诉他们。试问，有多少国家允许这样的事情？你的构想或许能影响到一个重要机构未来将采取的方向。

这 13 位成员并不在月球上，但他们告诉我们，月球之旅一直鼓舞着他们，阿波罗的传承鼓舞着他们。他们享受那些环绕地球转圈的旅程。

你们中有一些人或许会认为，我是一名天体物理学家，我作为太空人的元素要少很多。事实上，我关注爆炸的恒星、黑洞，及银河系的命运，并非所有的太空任务都与建造太空站相关。

在近期的太空任务中，我最喜爱的一项是亚特兰蒂斯号航天飞机前往维护哈勃太空望远镜。在那之前不久，已有决议不再对哈勃望远镜作最后一次维护。最大的反对浪潮来源于普通公民。哈勃是大家的望远镜，大家的投票影响了国会。国会也不得不宣布，“NASA，修吧。哈勃是一项国家财富。”终于，最后的维修任务恢复执行了。

亚特兰蒂斯号的宇航员——我称他们为外科手术宇航员——在2009年5月修复并升级了哈勃。在为这台望远镜执行的任务中，他们进行了5次太空行走，延长了其寿命至少5年，也许是10年。这真是一次新生。他们成功地安装了两台新仪器，修理好了另外两台旧设备，替换了陀螺仪与电池，添加了新的隔热材料以保护这台自伽利略时代以来最著名的望远镜。在载人航空计划与机器人计划同步的时代，在所有能够发生的事中，这一成就独占鳌头。

太空推特21号@泰森

亚特兰蒂斯号航天飞机，今天将执行退役前的最后一次飞行。登船吧，艾萨克·牛顿的苹果树，酷。

2010年5月14日凌晨2：22

顺便提一句，哈勃受到大家的钟爱并不仅因为它拍下了杰出的图像，还因为它一直在那里工作了很长时间并得到了持续的维护。在太空中，多数望远镜难以持续长久工作——人们将它们送上太空，制冷剂在3年后彻底泄尽，陀螺仪在5年后失效，望远镜在6年后掉进了太平洋。通常，这样的时间不足以引起公众的持续关注，公众并不知道它们身上真正发生了什么。但哈勃却被维护多次，具有广泛的知名度和影响力。

激励以许多方式展现着自己的存在。太空是产生激励的一种方式。它对我们的灵魂、思想、创造力产生着作用。太空不仅是某项科学试验的目的，还是我们的文化之根。2004年，NASA为创造力设立了一项特殊荣耀的奖项——探索大使奖。这个奖项并非每年必须发放，也非随便发放于某人。它以美国6次远征月球期间得到的842磅岩石与泥土中的一小块样本为奖励，它以荣耀之名纪念着我们的第一代探索家并以此来延续我们的承诺，让进取心发扬光大。

今夜，我们很荣幸地将探索大使奖颁给约翰·费茨杰拉德·肯尼迪

(John Fitzgerald Kennedy）总统的家人。我们大多数人都记得肯尼迪总统在1961年5月的那次国会联席会议上的讲话。在讲话中，他公布了要在10年内将第一个美国人送到月球。相比之下，他次年在德克萨斯州休斯顿莱斯大学体育馆里做的“月球演讲”来说，大家或许就没那么熟悉了。在那场演讲的开场，总统提道，“在总体上，曾经于地球上生活过的科学家中的大多数仍然活着。”然后，他以摘略的方式追溯了历史并呈现如下：

> 如果你愿意，可以把人类有记载的50 000年历史压缩起来，放到50年的尺度分析。在这样的尺度标准下，我们对前面40年知之甚少，只知道在这40年的尾巴上，人类进步到学会了使用兽皮来遮住自己。在这样的尺度标准下，大约10年前，有人从他的穴居里走了出来，建立了栖居地。人学会书写、使用有轮子的手推车的时间只有5年……印刷术今年才出现，在人类历史整个50年的跨度中，提供新动力来源的蒸汽机出现还不到2个月……上个月，电灯、电话、汽车及飞机才刚能使用。直到上周，我们才开发出了盘尼西林、电视、核能。现在，如果美国的新宇宙飞船能成功抵达金星，我们将能在今天的午夜前真正抵达星海。

肯尼迪还反复提到了美国成为第一、成为领袖的必要性。他还强调，要做困难的事，而不是干容易的活儿。对大多数听众来说，人类进入宇宙是一项新的、惊险刺激的努力。肯尼迪毫不犹豫地宣布了在太空预算上他希望得到的支持——“按人数计算，美国的男人、妇女及儿童每周需为该项目提供50美分的经费，因为我们已将这个计划提到了国家的高优先级”。随后，他针对这一项目的回报构想了生动的画面并证实了这一宏大资金的必要性：

> 我亲爱的公民们，我们将从休斯顿的控制中心将一个超过300英尺（91米）高的巨型火箭送到月球，它将跨越24万英里(386 242千米）的距离。这个有足球场那般长的火箭，将由新型合

金生产。其中一些还是新发明的合金，能忍受之前从未达到过的温度与压力。在其装配上，它比最精密的手表还精确，携带了所有推进、导航、控制、通信、食物与维生所需的仪器。它将进行一次从未尝试过的新任务，去往一个未知的天体，然后安全地返回到地球。它在重新进入地球大气层时的速度会超过每小时25 000英里（40 233千米），其产生的温度大约能达到太阳温度的50%……我们要做这件事且要做好，因此，我们必须是勇敢的。

谁能对如此鼓舞人心的话语无动于衷！那么，大家和我一起欢迎肯尼迪总统的侄女，前马里兰州副州长凯瑟琳·肯尼迪·汤森（Kathleen Kennedy Townsend）上台吧。我还要邀请NASA主管博尔登与阿波罗11号全体成员上台［指挥官尼尔·阿姆斯特朗、指挥舱飞行员迈克尔·柯林斯（Michael Collins）、登月舱飞行员巴兹·奥尔德林］以帮助颁出探索大使奖。

在NASA正式存在之前很久，尼尔·阿姆斯特朗就是NASA的一分子了。他曾是一名海军飞行员，是他所在中队里最年轻的飞行员。在朝鲜战争中，他执行了78次战斗机飞行任务。尼尔·阿姆斯特朗是具有登月第一手经验的人。

初看起来，我们似乎只是将宇航员们绑在火箭上，然后点火将他们发射到月球，非常简单。事实上，规划这些行程需要大量的图像侦察，非常困难。比如，1966—1967年，在正式登月之前，有5艘月球轨道宇宙飞船升空研究月球并拍下了可行的着陆地点。

NASA是一种自然的力量。它在我们的心灵、思想、教育渠道上，发挥着重要作用。这些力量仅来自税收的5‰。许多人认为NASA的预算太高，我想说的是，NASA的预算即便再提升10倍也不为过。

太空推特22号@泰森

NASA消耗美国人纳税的5‰。在账单上，那么少量的内容，其长度短得无法进入打印区。

2011 年 7 月 8 日上午 11：05

之所以人们想象中的 NASA 预算偏高，是因为 NASA 的每美元的开销皆透明且能衡量。它培养着未来的探索者，激励着人类的探索精神。我不会因任何事情放弃它，以避免我们停止推进美国人在未来将要引起重视的所有领域。

对我来说，NASA 很有意思的特征是它那分散于全国各处的 10 个中心。如果你出生于那些中心的某处附近，很可能是因为你的家人或亲戚正为 NASA 工作。为 NASA 工作可是一件值得骄傲的事，参与感与同行感使这个机构成为了整个国家的事业，而非少部分精英人士的事业。

一些阿波罗时代的工程师、管理人员及其他工作者如今仍在 NASA 工作，尽管他们即将离开现在的工作岗位。我们注定会失去他们。除了宇航员以外，还有许多人用不同的方式为阿波罗时代做出了贡献。如果将阿波罗计划比作一座金字塔——底层是数以千计的工程师与科学家，他们奠定了月球旅程相关的基础工作；顶层是宇航员，他们是冒着生命危险的勇士。在冒险中，他们将信任交给了在金字塔中工作的其他人员。而维持金字塔的基础、保持它的宽宏与稳固的，却是对接下来的一代人的激励与鼓舞。

21　何以触及苍穹

在日常生活中，你一定很少思考与推进相关的问题，至少不会去思考那类能让你离开地面并将你保持在空中的推进力。事实上，推进与你息息相关——即便没有助推火箭，你也能以步行、跑步、滑旱冰、乘巴士或者开车的方式与推进建立关系。所有的这些活动都依赖于你或者你的交通工具与地球表面之间的摩擦力。

当你步行或跑步时，在你鞋底与地面间的摩擦力使你被推向前进；当你开车时，在橡胶轮胎与硬质路面间的摩擦力使你的汽车向前移动。设想，你在溜滑的冰面上跑动或者开车，会滑倒并让你出丑，因为那样的表面不能给你提供足够的摩擦力。

再谈谈与地球表面不接触的移动，你显然需要一架装备有大量燃油的发动机的交通工具。在地球的大气层内，你能使用一台螺旋桨驱动式发动机或一台喷气式发动机实现这样的移动。它们都需要燃油，在供应充分的氧气中燃烧。如果你渴望在大气层之外的宇宙真空中移动，请把螺旋桨和喷气引擎丢弃吧，你需要一种无需摩擦力的、无需空气中的化学成分辅助的推进装置。

欲让某个交通工具离开我们星球的方法就是将它的鼻子指向上方，将其发动机喷气孔指向下方，大比例地迅速消耗该交通工具的总质量。将质量向一个方向释放，这个交通工具就会被反推向另一个方向。这就蕴含了推进的核心思想。一架航天飞机释放出来的质量是高热的，消耗燃油会产生炽烈的高压废气流，从相反的方向将航天飞机向上方推进。

推进利用了艾萨克·牛顿的第三运动定律，为经典的物理定律之一：对于每一个作用力来说，都会产生一个与之大小相等且方向相反的反作用力。也许你会很快展开想象，好莱坞似乎并不遵循这一定律。在经典的西部影片中，枪手通常能随意地开枪而不会产生任何的肌肉抖动。被他击中的亡命徒通常会被子弹击飞并堕入牲口的食槽。这显然与作用力与反作用力的物理定律不匹配。影片中的超人展示出了相反的效果：即便子弹在他胸前被弹飞，他也不会有任何后退。阿诺德·施瓦辛格（Arnold Schwarzenegger）在《终结者》（Terminator）中饰演的角色似乎比大多数电影更真实：每次枪弹炸开时，他都会出现轻微后退。

航天飞机可不敢与好莱坞相比——不遵循牛顿第三定律，它们将永远无法离开地面。

太空探索的可行化梦想放飞于20世纪20年代。当时，美国的物理学家，发明家罗伯特·戈达德将一个小型的液态燃料火箭捣鼓得离开了地面接近3秒钟的时间。小火箭蹿升到了40英尺（12.2米）高的海拔，着陆点距离发射点有180英尺（54.8米）远。

不过，在他的探索中，并非是戈达德一个人在战斗。几十年前，即将进入20世纪时，一位名叫康斯坦丁·艾德华多维奇·齐奥尔科夫斯基（Konstantin Eduardovich Tsiolkovsky）的俄国物理学家就提出了一些关于太空航行与火箭推进的基本概念。齐奥尔科夫斯基设想了众多的问题，他提及了可丢弃的多级火箭，即通过丢弃内贮燃油耗尽之后的火箭以减少剩余载荷的重量，使剩余燃油对飞机的加速能力最大化。他甚至提出了火箭方程，这一方程会告诉你，在穿越太空的旅程中需要多少燃油（假设你不会在途中的任何一个加油站停下）。

在齐奥尔科夫斯基的学术研究后，又过去了半个世纪，才有了现代航天飞机的雏形，即纳粹德国的V-2（“报复性武器”）火箭。V-2是为战争而构思并设计的，且在1944年首次运用于军事领域，其目的是威胁伦敦。韦纳·冯·布劳恩与其他几百名科学家及工程师为纳粹发力，V-2成为了首枚弹道导弹，也成为了首枚攻击遥远距离之外的目标城市的火箭。V-2的最大速度能达到每小时3 500英里（5 632千米）。这样的速度使它能从太空边缘以致命的自由落体方式一头扎回地球表面，其坠落地表之前的飞行足以让它行进几百英里。

事实上，要成功完成一个完整的地球轨道飞行，宇宙飞船的速度必须达到V－2速度的5倍甚至更高。为达成这一壮举，如需将V－2同等质量的火箭推上地球轨道，至少需要25倍V－2所需的能量。如果，我们需要实现地球轨道的完全逃逸，向月球、火星甚至更远的地方前进，我们必须将太空船的速度提至每小时25 000英里（40 233千米）。这也是20世纪60—70年代阿波罗任务向月球进发的速度。这也代表着非同一般的巨量燃料。

鉴于齐奥尔科夫斯基的火箭方程，任何向太空进发的太空船都面临着一个大问题——对那些以燃料形式存在的“额外”质量的推进问题，这些质量中的极大部分是燃料，而这些燃料正是用来维持太空船随后旅行的必需品。在航天飞机上，重量问题带来的烦恼一直以指数形式增长。于是，多级火箭被发明了出来用以缓解这一问题。在这样的运载工具中，一个相对较轻的载荷——阿波罗号宇宙飞船、探索者号卫星、航天飞机——被巨大的、威猛的，在其燃料耗尽时能一节一节地连续分离的火箭发射升空。

土星5号就是一个标准的三级火箭，它将阿波罗号宇航员们发射向了月球。它由冯·布劳恩设计，它能被称为一个巨型的燃料罐。土星5号与其载人舱合并起来，足有36层楼那么高。最终，3名宇航员乘着一个小小的仅1层楼高的太空舱返回到地球。在发射后10分钟，当运载火箭已被推离地面并以大约每小时6 000英里（9 656千米）的速度移动时，第一级火箭脱离了。10分钟后，当运载火箭以大约每小时16 000英里（25 750千米）的速度移动时，第二级火箭脱离。第三级火箭的生命周期更复杂一些，它会进行数次燃料的燃烧——第一次，加速运载火箭使其进入地球轨道；第二次，使运载火箭脱离地球轨道并向月球前进；第三次，为太空船减速使其可被拉入月球轨道。在整个过程中，太空船不断变小变轻，这也意味着剩余的燃料能获得更佳的效果。

自1981年始，NASA就用航天飞机在距离我们星球之上那100—200英里（161—321千米）的地方执行任务，我们将那里称为近地轨道。航天飞机有三个主要部分：一个短粗的类飞机的“旋转体”用以装载全体人员、随机载荷及3台主引擎；一个巨大的外置燃料舱用以装载超过50万加仑（189万升）的自燃液体；两个“固态火箭助推器”，它那

200万磅（907 184千克）重的如同橡胶一样的铝燃料，将为这个巨人推离地面提供85%的推力。在发射台上，飞机的重量是450万磅（2 041 165千克）。发射后2分钟，推进器完成了它们的工作后会被抛向大海，等待从水中被打捞出来以供重复使用。发射后6分钟，在飞机达到轨道速度之前，已耗空的外燃料舱会被抛掉，在其重新进入地球大气层的时候会发生碎裂。当飞机抵达地球轨道时，与发射前相比，其质量仅剩10%。

太空推特23号@泰森

飞机的主燃料舱会一直持续使用直至开始轨道运行。因为脱离了大气层对氧气的供应，所以必须自己携带氧气。

2010年5月14日凌晨3：03

现在，我们完成了发射。那么，减速、温和地着陆，以及在某天重返家园又如何实现？事实是，在空旷的太空，减速所需消耗的燃料与加速所需完全相同。

我们在地球上有熟悉的减速方式，它通常需要摩擦力——在自行车上，手刹的橡胶闸会夹紧轮毂增加摩擦力以减速；在汽车上，刹车片会夹住车轮的轴，增加摩擦力以减慢四个橡胶轮胎的滚动速度。在那些例子中的减速并不需要燃料，然而，太空中的减速及停止通常需要得到燃料的帮助。我们需要将火箭的喷气孔调转方向，使它们指向移动的方向，并点燃这些从千里之外拖运而来的燃料。现在，你可以坐下来静静地欣赏减速过程了。

此外，在某些条件下，也能依靠非燃料的方式作减速。例如航天飞机的办法，以无动力的方式滑翔回地球。我们可利用地球的大气层提供摩擦力。当你进入大气层后，你能利用大气层为你带来的摩擦力减速，从而代替那些进入大气之前欲使飞机减速的燃料。

太空推特24—27号@泰森

发现号卫星今天重新进入地球了。它的速度从每小时17 000英里

（27 359 千米）下降到 0。它依靠空气阻力（气体刹车）对自己实现了减速。

2011 年 5 月 9 日上午 8：30

要把发现号卫星从天上降落下来并以滑翔的方式安全着陆在佛罗里达的肯尼迪航空中心，需要让它绕着地球在大气层中跑 3/4 圈。

2011 年 5 月 9 日上午 10：54

当发现号卫星的速度下降至音速（1 马赫）以下，它将成为一个胖胖的、粗短的准备着陆的滑翔机。

2011 年 5 月 9 日上午 11：51

欢迎回家，发现号卫星。它总计经历了 39 次任务、365 天的工作，总计行进了 148 221 675 英里（238 539 663 千米）的路程（里程表上的显示）。

2011 年 5 月 9 日上午 11：59

细心的读者会发现，飞机在返程时的速度远超其发射时的速度。在返程中，它会以每小时 17 000 英里（27 358 千米）的轨道速度减速，冲向地表。因此，与起程相比，返程中的飞机穿越大气层时产生的热量与摩擦更大。这也给我们带来了困难。一种解决方案是，将飞机前端的表面用挡热板包裹，以消解与散发的方式将迅速积累起来的热量卸掉。阿波罗时代的锥形舱体更倾向于采取热量消解的方式，即热量被空气中的震荡波带走（同时，舱体的尾部还会不停地剥脱蒸发掉的材料）。今天的航天飞机则更倾向于采取热量散发的方式，比如著名的陶瓷材料。

不幸的是，如我们所知，挡热板几乎不能实现坚不可摧。哥伦比亚号航天飞机的 7 名宇航员在 2003 年 2 月 1 日的上午被火化在了半空——他们返航时，再次进入大气层的过程中，旋转舱在滚动中失控并分裂开来。他们的致死原因是：在发射的过程中飞行器那巨大的燃料舱上有一大块泡沫隔热材料松开了，这块材料将覆盖在左翼的隔离层刺出了一个洞并将旋转舱的铝制外壳暴露了出来。飞行器在超高温空气中冲刺时，这块外壳发生了形变并融化。

就返程会遭遇的高温问题，有人曾提出过一个安全一些的主张：何不在地球轨道上安放一个燃料站为飞行器补充燃料？当飞行器准备返回地球时，可在燃料站连上一组新的燃料舱，全功率点火后退。使航天飞机在靠近地球大气层时减速至龟行，以在极大程度上降低摩擦力带来的高温，像飞机那样降落至地面，没有冲击波，没有挡热板。

这一过程会消耗多少燃料呢？与当初将某样东西送上去时消耗的燃料相等。这里还存在另外一个问题，如何将满足航天飞机需求的那么多的燃料送至轨道上并实现添加？也许，我们能将它顶在另一个如摩天大楼般高大的火箭上送上轨道。

试想：如果你需要从纽约开车到加州并驶回，沿途没有加油站，你必须拖上一个像油罐车那样的油罐前行。同时，你还必须拥有一个足够强劲的发动机，才能拖动起那个油罐（你必须购买一个更大的引擎）。这样，在驾驶那辆车的时候，你还需要消耗更多的燃油。

减速问题或者着陆问题非常重要，它不仅与回归地球相关还与宇宙探索相关。从那些四处散布的行星上快速“飞掠”而过，定义了 NASA 整整一代探测器的工作模式。事实上，我们应花更多的一些时间去了解那些遥远的世界。现实情况是，要做到这点很困难，减速并牵引进入轨道需耗费更多的燃料，比如：1977 年 8 月发射的旅行者 2 号的整个生命旅程皆靠惯性滑行。它先后经过木星、土星的引力辅助（引力辅助是穷人的推进策略)，并在 1986 年 1 月飞过了天王星，1989 年 8 月飞过了海王星。对宇宙飞船来说，花费 12 年的时间飞向一颗行星，只能有短短数个小时的时间收集该行星上的数据，如同排队 2 天仅为了看一场 6 秒钟的摇滚音乐会。确实，飞掠而过总好过什么都不做，但这与科学家真正想做的事情还差距甚远。

说到底，加油已经变得越来越昂贵了。大量聪明的科学家花费了许多的时间，发明、开发着有朝一日能被广泛使用的替代燃料。还有一些其他的聪明的科学家正在推进的世界中寻找新办法。

宇宙飞船最常用的燃料形式是化学物质：乙醇、氢气、氧气、一甲基肼、粉状铝。这与传统飞机不同，飞机可从空气中吸入氧气至引擎维持燃料燃烧，宇宙飞船可没有这样奢侈的条件。宇宙飞船必须随身携带化学方程式中的所有物质，它们不仅需要携带燃料，还需携带氧化剂，并将其分开存放，直到阀门打开使它们碰面。然后，燃烧的高温混合物会制造出高压尾气，这些尾气遵循牛顿的第三运动定律发挥作用。

先暂时忽略飞机因其特殊造型的翅膀可从空气的剧烈流动中获取免费“抬升”力这一问题，我们让重量与飞机完全对等的航天飞机以离开大气层为目的升空，航天飞机需携带的燃料负重显然要高出许多。V－2的燃料是乙醇与水；土星5号的一级火箭中的燃料是煤油，二级火箭中的燃料是液态氢，两级火箭皆使用液态氧作氧化剂。航天飞机的主引擎必须在大气层外工作，主要使用液态氢与液态氧。

如果燃料带来的冲击力能大于其实际重量，升空则成为了可能。比如：你的体重为150磅（68千克），欲将自己发射升空，你只需脚下有与150磅（68千克）等效的猛烈推力（或者是喷气背包猛喷的推力）平衡掉你的体重。欲真正发射，任何超过该推力的力皆能实现，这取决于你对加速度的耐受度（力越大加速度越大）。如果你拥有一个较大的推力，能推动尚未燃烧的燃料的重量，你将会加速冲向天际。

太空推特28号@泰森

今晚，在一个雅致的意大利餐厅用餐。用餐结束时，我享用了格拉巴酒。NASA应该研究一下，它能替代火箭燃料吗。

2010年12月7日凌晨12：27

太空专家们的远期目标是寻找到一种燃料来源，可将航天级别的能量打包到尽可能小的体积中去。因为化学燃料使用化学能，其能提供的最大推力存在限制，这一限制取决于分子内部的结合能量。为了避开那些限制，出现了几个革新的选择：当飞行器被发射到地球大气之外，推进力无需来自化学燃料的大量燃烧。在深空，推进物可以是小量的离子化氙气，它们通过一类新型的引擎为飞行器提速。而一架装配了反射帆的飞行器，同样可在太阳辐射的温和压力下沿着辐射的方向被推动前进，或者能由安放在地球或轨道平台上的激光进行推动。10 年内，完美且安全的核能将成为主要推进力（这是火箭设计师梦想中的发动机，它产生的能量将比化学燃料的产出提高数量级的倍数。

尽管我们正在将不可能变为可能并因此而失去自制力，但事实上我们真正想要的是反物质火箭。我们希望在对宇宙的了解上达到一个新高度，使开拓的旅程能切入空间与时间的结构。当这些事情发生时，苍穹将不再是极限。

22　航天飞机的最后一班岗

2011 年 5 月 16 日：奋进号最后一次发射起飞

太空推特 29—36 号@泰森

上午 8：29

如果摄像机能抓拍到的话，在固体火箭助推器点火前的一瞬间，有 6 项很酷的事值得一看……

上午 8：30

（1）飞行器的转向襟翼在轻微地来回摆动——这是它们在最后一次表明，自己能定位到规划的夹角。

上午 8：32

（2）飞行器的 3 个火箭喷嘴来回旋动——这是它们在最后一次表明，自己能对准规划的方向。

上午 8：33

（3）发射台上有火花溅射——这是在将主引擎漏出而聚集在发射台上的可燃性氢燃料燃烧殆尽。

上午 8：35

（4）水塔将一个游泳池那么多的水倾泻到发射台上——水能吸收声振动，以避免声振动损坏飞行器。

上午8：37

（5）“主引擎点火”——飞行器的3个喷嘴有火焰喷射而出，瞄准既定方向，飞行器开始向上挣扎。但此时，螺栓仍会将飞行器固定住。

上午8：38

（6）“3－2－1－发射”——固体火箭助推器点火，让飞行器再次垂直向上挣扎。螺栓被挣坏，飞行器升空。

上午8：30

假如你想知道，我可以告诉你：奋进号航天飞机采用了英式英语拼法，因为，它采用了库克船长的飞船来命名。

2011年6月1日，奋进号的最后一次返程

太空推特37—45号@泰森

凌晨1：20

只是为你们提供一条信息——“要着陆”，奋进号航天飞机就得释放掉它在发射过程中获得的所有动能。

凌晨1：30

航天飞机现在正执行脱轨点火的指令，以使其轨道高度得以降低，直到能接触到大量的空气分子（空气分子可对航天飞机的运动产生阻力）。

凌晨2：00

航天飞机扎进了地球的大气层，随之而来的是，航天飞机周围的空气被迅速加热，将航天飞机的动能转为热能散发出去。

凌晨2：10

随着航天飞机的速度越来越低，它在地球大气层内的高度也越来越

低，它接触到的空气分子密度也越来越大。

凌晨2：20

保护性的航天飞机隔热瓦达到了数千华氏度，并持续地将热量散发出去，保护着航天飞机内的宇航员。

凌晨2：30

奋进号重入大气的过程，多数情况下是以弹道物体的形式从天空降落的。奋进号的速度低于音速时，它的飞行方式符合空气动力学原理。

凌晨2：34

肯尼迪航天中心的航天飞机着陆带有15 000英尺（4 572米）长。这个长度足够那架没有刹车装置的飞行器滑行减速直至停下。

凌晨2：35

欢迎回家，宇航员们历经了248圈轨道飞行以及6 510 221英里（10 477 183千米）的旅程。干得漂亮！奋进号执行了25次任务，进行了4 671圈轨道飞行，总行程123 883 151英里（199 370 362千米）。

上午9：10

爱因斯坦相对论提示：奋进号的宇航员们停留在轨道上时，他们比我们稍稍地向未来前进了一点——0.0005秒。

2011年7月8—21日：亚特兰蒂斯号的最后行程以及航天飞机时代的终结

太空推特46—51号@泰森

7月8日上午9：54

电影《太空牛仔》中描述了编号为STS－200的航天飞机任务，发射的是亚特兰蒂斯号航天飞机。事实上，亚特兰蒂斯号的项目终结于STS－135号。

7 月 8 日上午 10：25

太空算术：水星计划 + 双子座计划 + 阿波罗计划 = 10 年。航天飞机 = 30 年

7 月 8 日上午 10：52

只是想让你知道：人类向宇宙进军的企图并未随航天飞机时代的落幕而终结，只是美国向宇宙进军的计划终结了。中国和俄国还在向太空进发。

7 月 8 日上午 11：24

1969 年有阿波罗计划，1981 年有航天飞机，2011 年什么也没有。如果有人在逆流的时光中生活，我们的太空计划或许很棒。

7 月 21 日凌晨 5：42

担忧地球轨道使用私有化？NASA 必须有更远大的目标，那样的目标才属于 NASA。

7 月 21 日凌晨 5：49

挽歌并非献给航天飞机的终结，而是要献给更替航天飞机的火箭，这些火箭最终未能出现。谁曾见过有人在双子座计划完成时洒落过泪水，因为在那之后还有阿波罗计划。

23　深空中的推进力

在现代工程中，发射一架宇宙飞船已不算什么成就了。只需将燃料舱和火箭推进器连接起来并让化学燃料点火，就能发射出去。

今天的宇宙飞船对燃料的消耗非常快。事实上，在一架飞行器脱离地球时，它的主燃料舱中几乎没有燃料残留了。那些燃料舱已经变得不再需要，早被丢回了地球。只有小型的燃料舱得以保留，其中的燃料也仅允许飞船在航程中段作轻微的校正工作。宇宙飞船能做的就是依靠惯性滑向它的目的地。

当飞船到达目的地时，会发生一些什么事件呢？

没有建造在太空中的燃料补给站，没有硕大的备用燃料舱为它们提供燃料，在不具备这些条件的情况下，这样的飞行器在生产之初就注定了悲惨的命运——它无法具有减速、停止、加速，或在方向上进行较大改变的能力。它的运行轨道，在太阳、行星及其卫星的引力作用下早被预先设计完成。飞行器只能从其目标星体的附近飞过，就像一辆快速移动的观光巴士。它的旅程没有停靠站点——乘客只能瞥上一眼那转瞬即逝的风光。这也是20世纪70—80年代的先驱者号及旅行者号身上发生的事：在它们飞出太阳系的旅途中，仅是从一颗行星划向另一颗行星。

宇宙飞船如不能实现减速则无法实现任何的正常着陆，除非坠落，这可不是航空航天工程师们的目标。聪明的工程师们研究出了没有燃料的飞行器的着陆办法。以火星车为例，火星车能以将脖子摔断的速度冲向那颗红色行星，然后在火星大气的刹车作用下减缓速度。这意味着，除了降落伞与安全气囊外，它们无需别的东西就能实现安全着陆。

今天，航空学中的最大挑战就是要找到一种重量轻且效率高的推进手段，其推力应大大地超过传统的化学燃料。如果，这一挑战得到实现，宇宙飞船可在离开发射塔时随船保留燃料并留待以后使用。科学家可以将更多的天体作为可拜访的目的地纳入考虑，而不再是做行星窥视秀。

幸运的是，人类的智慧总能给我们带来答案。千军万马的工程师们已做好了准备，欲用花样百出的革新型发动机将我们及我们的机器代理送进深空。在这些发动机中，最有效的是从核反应堆中获取能量的发动机，以及通过物质与反物质彼此间的接触将质量转为推进能的发动机，如同《星际迷航》中的反物质引擎。一些物理学家甚至梦想，通过某种在空间与时间结构中的扭曲而产生隧道，以实现超越光速的旅行（隧穿）。《星际迷航》中也有类似情节：驱动联邦星舰企业号的那个时空扭曲，使柯克船长与他的船员得以快速穿越星系。

加速可以是平缓且持续的，也可以是短暂而巨大爆发的。一个巨大的爆发力可将宇宙飞船推离地面。猛烈的推力至少要与飞船自身的重量相等。否则，那个家伙只会停在发射台上。当飞船被推离地面后，如果你不是非常赶时间，如果你仅是运送货物而非人类去往太阳系中某处遥远的地方，就没必要太在乎超凡的加速度。

1998 年 10 月，一个 8 英尺（2.43 米）高、0.5 吨重的被称为深空 1 号的宇宙飞船在佛罗里达的卡纳维拉尔角被发射升空。在 3 年的任务中，深空 1 号测试了 12 项革新性的技术，包括装备了离子推进器的推进系统（进行超大距离航行时非常实用的系统，低平且持续的加速度终将为我们带来高速）。

离子推进器引擎所干的工作与传统宇宙飞船引擎所干的工作几乎相同：它们将推进物（在这种情况下是一种气体）加速到非常高的速度，并将其从喷嘴导出。其结果是——引擎以及宇宙飞船的其余部分因此而冲至相反方向。我们可以做一个科学试验——你站在一块滑板上并打开二氧化碳灭火器，气体会向某个方向喷射，你和滑板将会向相反方向移动。作用力与反作用力的平衡是一条宇宙法则，在 17 世纪末期由艾萨克·牛顿首先提出。

不过，在形成加速的过程中，离子推进器与普通火箭引擎在推进剂及能量来源上存在区别。深空1号使用了带电的（电离的）氙气作为推进剂，而并非在航天飞机主引擎中燃烧的液态氢－氧混合物。离子化的气体与具有爆炸性的可燃烧化学物相比更易操控。此外，氙气是一种惰性气体，这意味着它不具有腐蚀性，不会与任何东西发生化学反应。深空1号那1英尺（30厘米）宽的外形像鼓一样的引擎，通过一个电场将氙离子加速到25英里（40千米）每秒，然后将其从喷嘴喷射出去。在16 000小时中逐渐消耗掉的推进剂，作平均计算后，每天的消耗量不足4盎司（0.12升）。如预期的那样，每磅（900克）燃料产生的反冲力是传统火箭引擎的10倍。尽管在2001年12月的标记上它的任务已经结束，但深空1号仍继续着深空游荡，它的无线电接收器依然坚持着工作。

必须得有一些东西为深空1号上的离子推进器提供能量。我们首先需要使氙原子离子化，然后再对它们进行加速。那些能量来自于电力，承惠于太阳。

内太阳系的旅行可依靠来自太阳的强烈光线，未来的宇宙飞船将能广泛地使用太阳能电池板（非作为实际的推进，而是作为驱动那些产生推进力的设备的电源）。比如，深空1号就有折叠的太阳能“翅膀”，它完全展开时跨度可达40英尺（12米），大约是宇宙飞船自身高度的5倍。其上阵列着3 600块太阳能电池与超过700只的圆柱形镜头，后者可将太阳光聚集到电池上。在峰值功率时，它们的总输出功率可超过2 000瓦，相当于地球上电吹风的功率。不过，这足够供应宇宙飞船的离子推进器。

依靠太阳为它们的电子设备提供能源的宇宙飞船的案例还有很多，如：已脱离轨道的苏维埃米尔空间站，以及下一代的国际空间站（ISS）。在地球上方250英里（402千米）处的轨道上飞行的ISS，携带着超过1英亩（40.4公亩）面积大小的太阳能电池板。在每圈90分钟的运行里，空间站有大约30分钟的时间航行在黑暗中，因为地球挡住了太阳。白天，它会将收集到的太阳能中的一部分导入蓄电池，以备稍后在黑暗中使用。

虽然深空1号、ISS均未使用太阳光线作为直接推动力，但直接的太阳推进并非妄想。人们设想中的像风筝那样的太阳帆，由轻薄的材料构成。升空后，太阳的光子或光线的粒子会不断地从太阳帆那光洁的表面反射出去，这些光子和粒子的共同推动将形成推进的加速力，导致飞船反冲。没用燃料、燃料箱、尾气，只有环保的绿色。

在展望了地球同步卫星之后，亚瑟·克拉克爵士继续展望了太阳帆。他在1964年的小说《来自太阳的风》中创造了一个角色，描述了太阳帆的工作：

> 把你的手放在阳光中。你感觉到了什么？热，当然是热。不过，阳光下还有压力——尽管你从未关注它，因为它非常微弱。在你手掌的面积上，它大约仅有百万分之一盎司。如果我们将这个微弱的压力放至太空，它将变得非常重要——因为它持续发生、取之不尽、用之不竭。与火箭燃料不同，它不需要金钱。我们可以制造帆来捕捉从太阳吹来的辐射。

20世纪90年代，有一组美国和俄国的火箭科学家，他们更愿意选择合作而不是相互毁灭。他们在行星协会的领导下，受私人资助进行合作，并始就太阳帆项目展开工作。他们努力的结果是宇宙1号，一艘无引擎的重220磅（99.7千克）的宇宙飞船，外形像朵超大的菊花。这艘天河里的帆船折叠在一枚无攻击力的洲际弹道导弹中。这枚导弹是苏联冷战军械库里剩下的玩意儿，它曾从一艘俄国的潜艇上被发射了出去。宇宙1号在其中心有1台电脑，还有8片由名为迈拉（Mylar）的聚酯薄膜做成的反射性的呈三角形的帆板。迈拉只有0.000 2英寸（0.000 5厘米）厚，用铝进行了加强。在太空中展开时，每片帆板可延展至50英尺（15.24米），且均能独立调整舵向，使飞船航行。可惜的是，火箭引擎在发射后1分钟就坏了，掉进了巴伦支海（Barents Sea）。

不过，科学家并未因此而停止工作。如今，不仅是行星协会，NASA、美国空军、欧洲航天局、大学、公司，及初创企业都热衷于研究太阳帆的设计与使用。带着百万美元而来的慈善家也加入了这个研究阵营。关于太阳帆的国际会议也频频召开。2010 年，太空水手们庆祝了他们社团的第一项真正的成功：一张 0.000 3 英寸（0.000 76 厘米）厚的名叫伊卡洛斯（IKAROS，即由太阳辐射驱动加速的星际风筝之船）的帆，由日本宇宙航空研究开发机构“JAXA”进行设计并运作。5 月 21 日，这片帆进入了太阳轨道；6 月 11 日，完成了对自身的展开；12 月 8 日，经过了金星。同时，行星协会计划将发射光帆 1 号，NASA 也正制作名叫纳米帆 - D 的微型示范性飞船。这种微型示范性飞船也许能展示出一种利用太阳帆作为降落伞，将已损坏的卫星拖出轨道并拖离会产生危害的路径的办法。

让我们将目光放在向阳的一面。进入太空 2 年后，一面轻巧的太阳帆能被加速到每小时 100 000 英里（1 600 000 千米）的速度。这就是微小且稳定的加速所能产生的非凡效果。这样的一艘飞船可从地球轨道（由传统火箭把它带到那里）上逃逸，依靠的并非目标定位，而是聪明地调整了帆板的角度。就像在普通的船上调整风帆，它甚至会升高到地球上方前所未有的高度。最终，它的轨道能变得如月球的轨道一样，甚或是火星或更远的某些东西的轨道一样。

显然，太阳帆不会成为那些追求时间的人的首选，但它在燃料方面显然是高效的。如果你将其视为一种低成本的送餐车，你可以为它装满冻干的菜蔬、即食的早餐麦片、清凉维普水果甜点，及其他具有极长保质期的食品。当飞船航行至阳光变得苍白的区域时，你还能用激光对其进行辅助。激光可来自地球，也可来自太阳系中预先布置好激光器的其他地方。

阳光暗淡的区域，我们以假想某个空间站停靠在外太阳系的木星附近为例，那里的阳光强度仅有地球上的 1/27。如果你的木星空间站需要的太阳能与完工的国际空间站所需要的一样多，你得为你的空间站准备 27 英亩（109 265 平方米）大的太阳能电池板，那是一个比 20 个足球场还大的太阳能电池板阵列。这确实太疯狂了。若要在深空进行复杂的科学活动，使探索者（或殖民者）能在那里呆上一些时光，能在遥远的星球表面运行仪器，你必须找到太阳之外的其他能量源。

20世纪60年代初，太空飞船通常依赖放射性钚产生的热量以作电源供应。数次阿波罗前往月球的任务、先驱者10号与11号（航向星际空间）、海盗1号与2号（航向火星）、旅行者1号与2号（航向星际空间且旅行者1号航行距离更远）、尤利西斯号（航向太阳）、卡西尼号（航向土星）、新视野号（航向冥王星及柯伊伯带），这些探测器都在其放射性同位素热电发生器（或称为RTG）中使用了钚。RTG是一种长效的核电源，效率更高，能量更多，是一种同时提供电力与推进力的核反应堆。

当然，一些人讨厌任何形式的核电。他们有上佳的理由支持自己的观点：未充分屏蔽的钚及其他放射性元素具有极大的风险；不可控的核子链式反应也具有较大风险。要列出一张已获证明的或仍潜伏着待发危机的清单非常容易：1978年，苏维埃的核动力卫星“宇宙954号”坠毁，其放射性碎片分散掉落在了加拿大（Canada）北部；1979年，宾夕法尼亚州哈里斯堡（Harrisburg）附近的萨斯奎哈纳河（Susquehanna River）上的三里岛（Three Mile Island）核电站发生了部分熔化；1986年，现属乌克兰（Ukraine）的切尔诺贝利（Chernobyl）发生了核电站爆炸，原本存放于老的RTG中的钚遗落（也有偶然被偷盗的）在俄罗斯西北部那遥远的破旧的灯塔中；日本东北海岸的福岛（Fukushima Daiichi）第一核电站故障，引起了9.0级的地震及继之在2011年3月发生的骇人海啸。

NASA并未否认核设施的危险性，他们将注意力转到了最大化安全防护上。2003年，NASA主导了普罗米修斯（Prometheus）计划，开发一台小型的能被安全发射升空的核反应堆，它能为长久且宏大的触及外太阳系的任务提供能源。这样的一台反应堆可以被用来提供舰载能源，它能驱动一台离子推进器的电力引擎。

若要体会技术的进步，可以看看我们在海盗号与旅行者号上开展试验的RTG的输出功率。它们提供的功率小于100瓦，大约相当于你桌面上的台灯消耗的功率。卡西尼号上的RTG的输出功率稍高，接近300瓦，大约与一件小型厨房电器相匹配。普罗米修斯项目中的原子反应炉，预计能产出10 000瓦的可用功率供应科学仪器使用，这足够驱动一场火箭音乐会了。

为了充分压榨出普罗米修斯计划的进步性，有人提出了一个雄心勃勃的科学项目：木星冰月轨道器，或简称 JIMO。它的目标是卡利斯托、盖尼米德、欧罗巴（分别为木卫四、木卫三、木卫二，1610 年由伽利略发现；伽利略还发现了第四颗木星卫星鸩奥，其上遍布火山），探求其中可能存在的或曾经存在过的生命。

被赋予了足够的舰载推进力后，JIMO 可以进行一次“飞向”木星的计划、绝非之前那样飞掠而过，这一事件将发生在被发射的 8 年之后。它可以被拉入木星轨道，并在此后的时间中系统地考察某一颗卫星。有了足够的舰上电量供应以及成套的科学仪器，它能将自己的研究数据通过高速宽带传回地球。除了效率之外，安全性也是它的魅力之处——无论结构还是运行，JIMO 的安全性都极高。宇宙飞船将用普通火箭进行发射，原子反应炉则将在“冷却”的状态下被发射升空，直到 JIMO 实现重力逃逸并完全脱离地球轨道时反应炉才被打开。

听上去，这是个完美的计划。然而，它刚出生不久就死掉了，它被“国家研究理事会空间研究委员会”与“航空与空间工程局所组成的委员会”在 2008 年题为《将科学发射升空》的报告抹杀，这一计划停留在了术语阶段。该计划于 2003 年 3 月作为一个科学项目正式开始，同年，被移交给了 NASA 新成立的探索系统任务委员会。2005 年夏，在花掉了将近 4.64 亿美元后，NASA 取消了这一项目。随后的几个月，预算中剩余的 0.9 亿美元在取消合同时冲抵了收尾成本。所有的投入并未产出宇宙飞船，也未产出科学发现。

《将科学发射升空》的作者们写道：这一计划代表了“与追逐雄心勃勃的、昂贵的太空科学任务相依存的风险范例”。

风险、取消、失败，只是游戏中的一部分。工程师们预期着游戏的到来，各个机构却在阻止着游戏的发生，会计师们扭曲着这些游戏。深空 1 号也许会掉进海里，普罗米修斯计划也被扼杀在摇篮中，但它们带来了卓有价值的颇具技术性的经验。因此，怀揣着希望的宇宙旅行者没有理由去停止尝试、计划、梦想深空中的漫游。当今的术语是“空间中推进”，很多人仍热切地追寻着它的可能性，包括 NASA。制造更高效的火箭是一种方式，因此 NASA 正开发着高级的高温火箭。还有一种方式是寻找更好的推进器，因此 NASA 现在有了 NEXT（NASA 演进型氙离子推进器的缩写）离子推进系统，它在深空 1 号的系统上有了数项进步。加上前面提到过的太阳帆，所有这些技术的目标（不管是单独的或是组合的）都是为了减少通往遥远天体的航行时间，增加可航行的距离、科学荷载的重量并降低成本。

或许未来会有更古怪的方式实现我们在太阳系内外的探索。比如，NASA 里现已解散的突破推进力物理学项目中的那些家伙们，就曾梦想着如何将重力与电磁场联结起来、如何对量子真空零点能进行开发、如何对超光速量子现象加以利用。他们的灵感甚至会来源于一些故事，比如:《从地球到月球》《星际迷航》。

我最中意的科幻引擎应由反物质驱动。它的效率能达到100%：将 1 磅（0.45 千克）的反物质与 1 磅（0.45 千克）的物质放在一起，它们会转变为一股纯粹的能量，不产生任何副产物。反物质真实存在，20 世纪的英国物理学家保罗·狄拉克（Paul Dirac）于 1928 年对其提出了假设，5 年后，美国物理学家卡尔·安德森（Carl D. Anderson）发现了它。

反物质在科学方面没有问题，但在科幻方面会遇到一点小麻烦。你如何保存它？在某人的宇宙飞船的船舱后或在某人的床位下能存放储存反物质的小罐子吗？小罐子又该用什么物质制作？因为反物质与物质在接触时会彼此湮灭，所以反物质的保存需要可移动的无物质容器，比如磁场形成的磁力瓶。在实现推进的主流想法中，工程学追逐着物理学进步；但在反物质问题中，却是物理学将工程学追逐得快马加鞭。

今天，追逐仍在继续。当你下次看电影时，如果看到某个间谍被抓住拷问，不妨思考如下问题：审讯人已不再询问农业秘密或军队动向，他们会问火箭的公式，那才是通向终极前沿的车票。

24　平衡作用

第一艘离开地球轨道的人造宇宙飞船是阿波罗 8 号。宇航员点燃了他们强劲有力的土星 5 号中的第三级也即最后一级火箭，宇宙飞船及其上的 3 名乘客迅速达到了接近每秒 7 英里（11.2 千米）的飞行速度。到达月球所需的能量已消耗了 50%，这只是为了抵达地球轨道。几乎同一时刻，电视新闻主持人宣称宇航员们刚脱离了地球引力，事实上，他们仅是处于前往月球的路上。人们几乎不会思考，在彼此的引力作用下月球围绕地球公转这一事实，地球的引力至少延展到了月球的位置。科学地说，任何物体的引力都能在宇宙中延展至无穷远，尽管它会变得越来越微弱。

在阿波罗 8 号的第三级火箭点火后，除了在航程中段调整轨道以保证宇航员们不错离月球外，引擎已变得不再那么必需。在宇宙飞船从地球飞往月球那将近 25 万英里（402 336 千米）的旅程中，在地球与月球的拔河赛中，宇宙飞船会继续受到来自地球一方施加的较大引力而逐渐减速。同时，随着宇航员们与月球的距离越来越近，月球对其施加的引力也会变得越来越强。显然，在月球与地球之间存在一个点，相互的反向引力达到平衡。当飞船在太空中漂移经过那个点时，它的速度会再次增加并加速驶向月球。

当物体以任意速度做任意大小的圆周运动时，它们会产生一种新的外推力，一种远离旋转中心的力量。当你处于急转弯的汽车里时，或者在游乐场那些转圈的道具上寻求刺激时，你的身体会感到这一“离心”力。举个经典的例子：“你站在一个大大的圆盘的边上，将背倚靠在圆盘边缘的盘壁内侧。圆盘开始转动并越来越快，你会感到越来越大的力将你压向盘壁。坚固的盘壁会防止你被抛向空中，很快你就无法移动了。”我在小时候坐过一次，我几乎连手指也不能动，手指与身体的其他部分一起被粘在盘壁上了。

事实上，物体在力的作用下运动倾向于以直线方式前进，所以离心力并非真正的力。不过，你可以将这种力当作真实的力进行计算。18 世纪的聪明的法国数学家约瑟夫·路易斯·拉格朗日（Joseph - Louis Lagrange）就做了这样的事情，他发现旋转的地 - 月系统中存在一些点，在这些点上地球引力、月球引力、旋转系统的离心力处于完全平衡状态。这些点被称为拉格朗日点，总计有 5 个。

与纯粹的引力平衡点相比，第 1 个拉格朗日点（简单称它为 L1）的位置稍微靠近地球一些。任何公转在 L1 的物体都可绕地 - 月的引力中心，以与月球公转相同的周期做轨道运动，并将被锁定。在 L1 这个点，尽管力被抵消了，但这个点的力却并非处于稳定的平衡状态。如果物体脱离地 - 月连线向任何方向漂移，3 种力的合力会将其送回之前的位置。如果这个物体沿着地 - 月连线漂移，它会无可挽回地掉落向地球或月球。它就像处于山巅上的手推车，勉强取得了平衡（平衡破坏，它将掉向悬崖的一侧或者另一侧）。

第 2 个、第 3 个拉格朗日点（L2 与 L3）也位于地 - 月连线上，但 L2 在沿月球延伸出去的远处，L3 则在相反方向（沿地球方向延伸出去的远处）。与此前相同，这 3 种力量（地球引力、月球引力、这一旋转系统的离心力）所形成的合力相互抵消了。与 L1 相同的是，将一个物体放在 L2、L3 任一点上，它都能沿地 - 月的引力中心以月球公转周期作轨道运动。L2 与 L3 两点处的引力平衡是宽容的，当你发现自己正漂移向地球或者月球时，稍微投入一点燃料就能将自己带回原来的地方。

尽管 L1、L2、L3 都是很不错的位置，但最佳拉格朗日点的奖项应颁给 L4 与 L5。它们其中一个存在于远离地 - 月中心线的一侧，另一个存在于另一侧，该两点分别为以地球与月球为顶点的等边三角形的两个顶点。如同它之前的同胞，L4 与 L5 上的力也能达到平衡。不过，与 L1、L2、L3 维持着不稳定的平衡不同，L4 与 L5 上的均势是稳定的。无论发生任何方向的侧倾，无论发生任何方向的漂移，该点上的力均能阻止物体的侧倾或漂移。这个点上的物体就像处于一个碗状的，被高耸斜缓的轮辋包围起来的陨坑的底部。因此，就 L4 与 L5 而言，如果某物体未能精确落在所有力相互抵消处，它的位置会在平衡点周围摆动，其轨迹被称为天平动。我们可以这样理解天平动：某小球从无摩擦力的山顶滚下，但却不能达到足够的速度越过下一座山峰，故而在同一路径上回滑，做往复运动。

除了单纯的轨道奇特性，L4 与 L5 还代表了特殊的区域，一些人认为可在这些区域建立太空殖民地。人们需要做的是运输一些原始的建筑材料到这些地方（这些原料不仅可从地球运去，也可从月球或某颗小行星上运去）并卸在适当位置，因为这里没有漂移风险。然后，你可以不断地为此处提供补给。当你在这个 0 重力的环境中集齐了你需要的所有材料，你将能建造一个巨大的空间站，横跨数 10 万英里（16 934 千米）。通过旋转这个空间站，你可引入离心力为空间站上的数百（或数千）居民模拟地球重力。

1975 年，基思（Keith）与卡洛琳·亨森（Carolyn Henson）成立了 L5 学会，即为了实现这一计划。这一学会令人记忆深刻的是其与普林斯顿的教授杰拉德·凯勤·奥尼尔取得的非正式联系，这名教授通过一本具有远见的著作（1976 年出版的《参天前线：太空中的人类殖民地》）促进了移居太空的项目推进。1987 年，L5 学会与国家空间研究所合并成立了国家空间学会，这一学会一直延续至今。

在天平动位置建造巨大建筑物的想法的出现，可追溯到 1961 年亚瑟·查理斯·克拉克（Arthur C. Clarke）的小说《月尘如月》。克拉克对特殊轨道并不陌生。1945 年，在一份 4 页长的备忘录中，他首次计算出了地表上空卫星轨道周期与地球的 24 小时旋转周期精确匹配的海拔高度。因为按那样轨道运行的卫星会“盘旋”于地表上空，它可成为无线电通信的理想中继站，把无线电信号从地球的一处传至另一处。今天，数以百计的通信卫星正干着这样的事情，在地表上空大约 22 000 英里（35 406 千米）处。

实际上，在旋转的地 - 月系统中的平衡点并非独一无二。在旋转的日－地系统中，也存在5个拉格朗日点。对于宇宙间的任何一对旋转物体而言，皆如此。日－地系统中的拉格朗日点均以1年周期的轨道绕日－地重力中心运行。如果我们在距离地球100万英里（1 609 344千米）远的地方，在远离太阳的方向，在日－地系统的L2点上放置一台望远镜，将拥有24小时的夜空视野，它看见的地球大小约为我们在地球上看到的月亮的大小。

在2001年发射的威尔金森微波各向异性探测器（简写WMAP），经历了两个月的时间抵达了日－地系统的L2点，直到今天，这台探测器仍在那里徘徊，繁忙地记录着宇宙微波背景的数据，即大爆炸那无处不在的特征。尽管只留下了其总燃料的10%，WMAP依然有足够的燃料在那个不稳定的平衡点周围徘徊100年，远远超出其作为数据记录用太空探测器的使用年限。NASA的下一代太空望远镜，詹姆斯·韦伯太空望远镜（哈勃的继任者）也被设计为工作在日－地系统的L2点上。事实上，那里还有很大的空间，可让更多的卫星前去做天平动。

另一个钟爱拉格朗日的NASA卫星被称为起源号，在日－地系统L1点上做天平动。L1在地球与太阳之间，距离地球100万英里（1 609 344千米）远。在两年半的时间里，起源号面向太阳收集了新鲜的太阳物质，包括太阳风的原子及分子等粒子——它们揭示着原始太阳系星云中的组分，我们的太阳与行星正是由这些原始太阳系星云形成。

因为L4与L5是稳定的平衡点，一些人猜想，太空垃圾会在这两个平衡点附近累积，使那里开展活动变得分外危险。事实上，拉格朗日早就预测了，在引力强大的日－木系统的L4与L5上会出现太空残骸。100年后，1905年，首批特罗伊群小行星被发现。今天的我们知道，在日－木系统的L4与L5点上聚集了数以千计的小行星。这些小行星处于木星的公转轨道上，在木星公转方向的前方或者后方，跟着木星一起绕太阳运动，其周期等同于1个木星年。仿佛被牵引波束锁定了一样，这些小行星被日－木系统的引力与离心力永远锁定在了某个适当位置。当然，我们也应预期到，太空垃圾也会在日－地系统与地－月系统的L4和L5上累积，这也的确发生了。

作为一项重要的附加优势，从拉格朗日点起始的行星际轨道只需消耗非常少的燃料就能到达其他的拉格朗日点，甚至别的行星。在行星表面发射航空器时，多数燃料将用于将航空器推离地面。与从行星表面发射不同，拉格朗日点的发射则是典型的低能量事件，如同一艘轮船使用了最少的燃料消耗离开船坞入海。鉴于此，我认为，与其考虑建立拉格朗日殖民地，不如将其作为我们通往太阳系其他地方的门户。

在我们的未来航空，有一种大胆设想，人类在太阳系中的每个拉格朗日点上都布设燃料站。在那里，前往别的行星或卫星访亲探友的旅行者将得到便利。这样的旅行模式也许听上去很新潮，但并非无例可循。如果没有大量散布于美国的加油站的存在，你的汽车必须装备一个巨大的油箱。如此，燃油将成为这辆交通工具的主要体积与质量。然而，我们并不会以这样的方式在地球上旅行。同理，也许在未来的某日，我们能在太空中实现类似地面加油站与汽车模式的旅行。

25　生日快乐，《星际迷航》

《星际迷航》，今年35岁了。它播出的每集电视信号，今天仍以光速继续穿越着我们的银河系。到现在，《星际迷航》第一季第一集的电视信号（即1966年9月8日那次）已到达了距离地球35光年远的地方，它扫过了400多个星系，包括半人马座阿尔法星、天狼星、织女星等。

对于那些也许正窃听着的外星人来说，他们一定等待了太久。在《星际迷航》播出到大约第15年之后，我们终于开始在电视节目中加入了一些外星人类学家之类的玩意儿，让我们的种族能引以为傲。

在电视、电影及书籍中，有许多《星际迷航》的化身，使《星际迷航》成为了有史以来最流行的科幻连续剧。如果你看过最初的几集，你一定不会对其在三季之后停播感到困惑。事实上，如果不是NBC收到了超过100万封信，它或许会在两季之后就被停播。《星际迷航》的播出正好赶上了美国太空项目最欢欣鼓舞的年代（1966—1969年）。那时，阿波罗宇宙飞船飞向了月球，1969年，我们第一次踏上了月球。20世纪70年代中期，在最后一次阿波罗任务之后，美国停止了向月球的进发。然而，公众需要生动地留住这个美梦。随着支持率基线的快速增长，20世纪70年代重播的《星际迷航》获得了更多的成功。

我无法代表所有的《星际迷航》的粉丝。或许，我并不将自己看作他们中的一员，我从未记住过星际飞船企业号的建筑平面图，也从未在万圣节戴过克林贡（Klingon）的面具。但作为对宇宙探索及助推探索的未来技术保持着专业兴趣的人，我就原始的剧集谈点自己的看法。

我得尴尬地承认，我第一次看到有船员走近而使企业号内部的门自动滑开时，我可以肯定这样的装置不会在我的有生之年被发明出来。

《星际迷航》设想的发生时间定义为距今200多年之后，而我正关注于或许会在100年后出现的新技术。相同的事情还包括：那些不可思议的能装进口袋的数据存储盘，他们把这种盘插进可以对话的电脑；那些巴掌大的玩意儿，仅能用于相互通话；那些墙上的方孔，可在数秒内提供加热后的食物。我曾想，这些玩意儿绝不会在我的有生之年出现。

事实上，今天的我们确实拥有上述的所有技术，我们甚至未曾等到200年就将它们变为了现实。2002年，我们拥有的通信与数据存储设备甚至比《星际迷航》中的更小；我们的自动滑门相比《星际迷航》更静音。

原剧中最扣人心弦的那些情节，都是针对逻辑行为与情感行为的挑战所提出的解决办法，再加上一点智慧与政治碰撞的火花。这些场景从整个人类行为中取样。这些场景给观众传递着一种信息，生命并非只有逻辑思维。即使我们观看的是未来事件，即使那时已没了国家、宗教，生命依然是复杂的：爱与恨仍然充斥于人类（包括外星人）感情，他们对权力与统治的渴望依旧在银河系中蔓延。

柯克船长对这一社会政治现象了解透彻，他总能比坏蛋外星人思虑更深远，因此能以智取胜、以策略制胜。柯克善于与星际间的智慧生物交往，他和外星女性有了传奇般的绯闻。身材火辣的外星人用蹩脚的英语问柯克，“什么是吻?”他会回答，“吻是远古人类的一种实践活动，双方分别向对方表达情愫的一种方式。”接下来，他通常会选择亲身示范。

然而，《星际迷航》也并非没有错误。在其中某集的剧情中，飞船上的船员必须找到一个偷渡上来的坏蛋。为此，柯克船长制造了一支智能的棒子，它的神奇之处是能大大增强被探测到的人的心跳声。剧情中，柯克自信地宣称，这一设备对声音的增幅为“1的11次方”。显然，这是个笑话。从数学上看，你将得出的运算式为：1×1×1×1×1×1×1×1×1×1×1，结果等于1。这台词似乎应该改为“10的11次方”。

大多数人，包括制片人，并未意识到星际飞船企业号“缓慢”航行时，会有星星轻缓地漂过。按剧情中这样的情况计算，企业号的速度比光速快上了3 000万倍。斯科蒂（Scotty）如果注意到了这点，他一定会申明,“船长,我们的引擎可没那么出色。”

欲在极长的旅程中快速航行,我们需要引入曲率引擎。才华横溢的科幻发明起源于物理学基础,具有实现的可能,虽然它们在技术上仍无法预见。试想:就如你将一张纸折了起来那样,曲率引擎实现了你与你的目的地之间的空间弯曲,显然,你距离目的地更近了。在空间结构上挖开一个洞,你就能抄上一条捷径,而无须在技术上超越光速。正是这个小把戏,使柯克船长与他的企业号在插播广告的那段时间穿过了银河系。否则,这段旅程或许需要花费漫长且无聊的数万年时光。

我从这部剧中学到了关于生命的3堂课:(1)无论任务的成败,你得到的最终评价取自于任务的完整性;(2)相比于电脑,你一定会更聪明;(3)永远不要成为首个前往外星人驻扎的星球的调查人。

生日快乐,《星际迷航》。愿你既寿永昌。

26　如何证实你被外星人劫持过

如果有人提问，你相信有不明飞行物或外星访客吗？我应该从何讲起？

人类的精神世界有着迷人的脆弱，心理学家们对此颇有研究，并称其为“诉诸无知”。知道“不明飞行物”中的“不明”代表什么含义吗？举例：有人看见天空中闪烁的光芒，这是他从未见过的闪光，他说，“它是一个不明飞行物！”“不明”代表着“无法辨识”。

之后他说，“我不知道它是什么，它应该是来自另一个星球的外星人。”这中间存在一个问题，如果他不知道那是什么，他应立刻停止对它的诠释行为。他不能说出，它应该是X，或者应该是Y、Z。他的实际语言行为，就构成了诉诸无知。诉诸无知在生活中很常见，我并无任何责怪之意——也许，它源于我们对渴求答案的急迫，因为我们总对无知感到不爽。

事实上，如果你因无知而不爽，你将无法成为科学家。科学家总是生活在已知与未知的交界处，这与记者们对科学家的描述完全不同。

这儿还有另一件事需要考虑。我们从心理学的研究实验中，也从科学的历史中得知——目击证据是证据的最低级形式。可怕的是，法庭却将它视为一种最高级形式。

你们都玩过传话游戏吧：所有人排成一排，一人讲故事之后传递给下一人，此后将故事逐个传递。当故事传至最后一人时，他需将这个故事重新讲给所有那些之前传话的人。这时，我们通常会发现——故事完全走样了。因为信息的传递依靠的是目击证据（或许称为耳闻证据更准确），这也是目击证据并非最可靠证据的有力说明。

所以，当你无意间发现一片飞行的碟子时，别惊异。如果你是我的同事，你走进我的实验室并告诉我，“请你相信，我看见它了”。我会说，“请在找到目击证据之外的证明后再来找我。”

人类的认知中充斥着将事件以错误方式进行认识的形式。我们通常不愿承认自己的弱点，因为我们对自己有着过高的评价。举个例子：我们都见过能产生视觉假象的绘画。这类绘画很有意思，事实上，这一视觉假象应被称为“大脑宕机”，这也是人类认知失败的典型例子。这一过程即向某些人展示了一幅灵巧的绘图，人们的大脑通常无法直观地弄明白。

也许，你的确看见了星系外的某处的来客。不过，我需要目击证据之外的更多证据。简单说，我需要照片之外的更多东西。

鉴于此，我提出一些建议，当你下次被外星人劫持时一定要做以下事情。你躺到某块平板上（外星人似乎正打算拿你做性实验），外星人正准备用他们的仪器扎你。接下来，你突然对外星人说，“嘿！看那里”当外星人转移目光时，你迅速地从他的架子上抓过某样东西放进你的口袋再躺回原处。当你们结束邂逅，你来到我的实验室，说，“看我拿到了什么！我偷到了一个小玩意儿！”如此，你带着某样东西来到实验室，这显然超出了目击证据的范畴，你有了一样外星人制造的物件。事实上，这非常有趣。

我们可以以自己文明创造的产物为例——比如我的 iPhone 手机。如果我在 10 年前拿出它，当权者或许会让焚死巫婆的法律重新生效。相比之下，如果我们能拿到另一端星系的某些技术，那可真值得在实验室里好好瞧瞧。之后，我们才能谈不明飞行物与外星人的问题（即目击证据之外的证据）。继续吧，试着找到它们，我不会阻止。需要提醒的是，一定要为自己被劫持的那一夜作好准备，因为我们需要证据。

许多人（包括世界上所有的业余天文学者）都在花费大量时间仰望天空。我们走出大楼，总喜欢仰望天空。我们不希望关注当下正发生的事情时，也喜欢仰望天空。就仰望天空而言，业余天文学者对不明飞行物的目击并不比普通公众丰富。事实上，或许更低。

俄亥俄的一次不明飞行物目击事件，是由一名警官首次报道的。一些人认为，如果发现者是一名县级司法长官、飞行员、军人，证据或者更有说服力。事实上，大家都缺乏说服力，因为我们都是人类。上面提到的警官追逐天空中前后晃动的不明飞行物事件的真实情况是——他正在自己的警用巡逻车里追逐不明飞行物（金星）。当时，他正行进在一条蜿蜒曲折的小路上。他的注意力全被金星吸引，以至于他认为金星是移动的一方，丝毫没有意识到自己不断打着方向盘左右移动着（自己才是移动的一方）。

这种案例提醒着我们，人类的感觉器官是多么的不可靠。尤其是我们在面对一些不熟悉的现象时，通常容易错误地对其进行描述及解读。

27 美国太空旅行的未来

斯蒂芬·科尔伯特（Stephen Colbert）的访谈，《科尔伯特报告》

斯蒂芬·科尔伯特：我的下一位客人是第17次出现在这一秀场上。只需再参加一次，他就能拿到一个免费的、一英尺（30厘米）长的三明治了。让我们欢迎尼尔·德格拉斯·泰森（喇叭声）。首先问一下，你带了你的常客卡吗？

尼尔·德格拉斯·泰森：带了（泰森抽出一张卡，斯蒂芬·科尔伯特在卡上打了一个洞）。

斯蒂芬·科尔伯特：我们来聊聊火鸡吧，尼尔。贝拉克·奥巴马想取消星座计划，即我们在2020年到达月球的计划。在他的就职演说里，他曾说会将科学放回恰当的位置。事实上情况如何，我的朋友？

尼尔·德格拉斯·泰森：NASA依然在做优秀的工作，你提到的那个计划依然进行着。

斯蒂芬·科尔伯特：我没看见穿宇航服的人，我没看见人类出现在太空。

尼尔·德格拉斯·泰森：在太空里穿着宇航服的人，那是另一类计划了。

斯蒂芬·科尔伯特：那就是科学，那就是我在6岁时就接受的知识。

尼尔·德格拉斯·泰森：那也是科学。不过在缺少载人计划的情况下，这些科学或许会错过某些东西。你在读书时期，心目中的英雄是谁？

斯蒂芬·科尔伯特：不是伊朗的太空龟！不是！我心中的英雄是尼尔·阿姆斯特朗！

尼尔·德格拉斯·泰森：我所有的同事都是太空科学的拥趸，我曾问他们是如何对科学产生兴趣的。他们告诉我，看着宇航员而产生。可以预见的是，人们绝不会以机器人为高校命名。

斯蒂芬·科尔伯特：宇航员就是科学的超级名模。

尼尔·德格拉斯·泰森：是的，确实如此。事实上，回想曾经的美国自然历史博物馆，每当我们举行的活动中有宇航员参与时，大家会排队等着他的亲笔签名，甚至不需提前知道他的名字。作为宇航员，他就有那样的力量，作用于我们宇宙探索的灵魂之上。

斯蒂芬·科尔伯特：我们就要失去他们了。作为美国人，我们即将失去。

尼尔·德格拉斯·泰森：我想，或许是这样的。顺便说一下，在奥巴马的计划里，提到了一些对技术方面的开发，这也是向好的。

斯蒂芬·科尔伯特：技术开发？你指机器人。

尼尔·德格拉斯·泰森：是的。对那件事我没有任何意见。

斯蒂芬·科尔伯特：这并非大家的希望，听着一台机器人着陆的消息。

尼尔·德格拉斯·泰森：确实如此，令人失望。

斯蒂芬·科尔伯特：是的。

尼尔·德格拉斯·泰森：人们一直乐于对机器人投资。事实上，对机器人投资与载人项目并不矛盾。我这样说吧，载人计划是刺激学童将“成为科学家”放为首选的力量。“成为科学家”绝非美国人的梦想，这一梦想深植于人类的DNA。自我们首次离开洞穴以来，从未停止过探索。虽然并非每人都离开了洞穴，但那些离开了洞穴的人开拓了发现。我们为两类人树起丰碑：战争英雄与探索家。我们向他们致敬。

斯蒂芬·科尔伯特：今天，奥巴马想为这件事贴上创可贴，并说，我们仍会有人前往太空，我们要搭上俄国人或者欧洲人的便车。如果我们在火星上着陆，如果美国宇航员站在了法国人的身旁，我们如何知道美国是第一？我们是否应该说，“加油，地球?”不，我们应说，“加油，美国!”

尼尔·德格拉斯·泰森：对搭便车去近地轨道我没任何意见，就200英里（322千米）高而已。

斯蒂芬·科尔伯特：那不算啥，就是小孩过家家，我用一只风筝就能办到。

尼尔·德格拉斯·泰森：这就像是从纽约前往波士顿一样。

斯蒂芬·科尔伯特：那是国际空间站的所在地吗?

尼尔·德格拉斯·泰森：是的。如果地球是一间球形的教室，国际空间站就在其表面上这么远的地方（举起了拇指与食指，间距大约半英寸）。

斯蒂芬·科尔伯特：如果你以这样的角度看地球（转向后墙，拿出一张巨大的被放大后的“蓝色弹珠”，阿波罗 17 号宇航员于 1972 年 12 月前往月球的旅途中对地球的拍摄），如何衡量这段距离？

尼尔·德格拉斯·泰森：也许，下次你会展示北极朝上的地球。

斯蒂芬·科尔伯特：我们在月球的一侧！太空可没有上下的概念。

尼尔·德格拉斯·泰森：确实如此！

斯蒂芬·科尔伯特：太空没有上方，我们的距离有多远（指着那张照片）？

尼尔·德格拉斯·泰森：我们距离地球有 25 万英里（402 336 千米）远。那就是太空探索，要勇敢地前进……

斯蒂芬·科尔伯特：前进到曾经去过的 1 000 倍远的地方。

尼尔·德格拉斯·泰森：是的（他的脑袋快速计算着），1 000 倍……带上我俩。所以我曾说，近地轨道已有几百人去过，去往那里不算步入太空。

斯蒂芬·科尔伯特：如果你能搞到火箭，以及合适的人选（指着自己），你会将火箭送往哪儿，我的朋友？

尼尔·德格拉斯·泰森：我会将整个宇宙视作前沿。

斯蒂芬·科尔伯特：我将整个宇宙都视作我们的，哈哈。

尼尔·德格拉斯·泰森：我想靠近下一颗或许会撞击我们的小行星，将它弄得服服帖帖的。两个小时之前，就在今晚，一颗小行星刚从我们的头上掠过。

斯蒂芬·科尔伯特：今晚？一颗小行星从我们头上扫了过去？

尼尔·德格拉斯·泰森：对，它像一栋房子那般大，沉入了我们与月球的轨道间。大约就在这里（在照片上以手势示意），就在今天！

斯蒂芬·科尔伯特：那是战争吗？我们处于宇宙战争中吗？尼尔？

尼尔·德格拉斯·泰森：我想去火星，这也是很多人的希望。我们只需 3 天时间就能抵达月球，我可不希望未来的旅行只有 3 天。我想前往月球，前往附近的小行星，展开调查。我想去看看拉格朗日点，那里的重力与动力全被抵消。

斯蒂芬·科尔伯特：我可不需要你的指教，我知道什么是拉格朗日点。

尼尔·德格拉斯·泰森：对不起啦。

斯蒂芬·科尔伯特：尼尔，我被你的“美国永远争第一”的激情感染了！尼尔·德格拉斯·泰森！（欢呼鼓掌）

Part Ⅲ WHY NOT

第三部分　为什么不

28　太空旅行的麻烦事

听着太空狂热者谈论太空之旅，或欣赏着科幻电影大片，或许会让你认为，将人类送往外星是不可避免的且会很快发生。然而，现实并非如此——幻想距离现实太遥远。

人类对有希望的概率作优先级判断时，存在一种说法，“在多数人认为它不具有可能性的前提下，我们发明了飞机；65 年后，我们抵达了月球。按此推理，今天，我们实现恒星穿梭似乎理所应当。那些诋毁其无法实现的人显然是无视历史。”

这里，我借用投资行业的一句法律免责声明以反驳：“既往的表现并不代表将来的回报。”关键性问题是：花什么代价才能从大家的口袋里撬出钱来给重大举措买单？我们对世界上著名的受资助项目作研究后会发现，有 3 条普世可行的动机：权力（神圣力量或皇权）崇拜、经济、战争。以权力崇拜发起的昂贵项目包括泰姬陵、中国始皇帝的兵马俑、吉萨金字塔群。以经济回报发起的昂贵项目包括哥伦布与麦哲伦大航海，受资助于古西班牙君主。以战争军事发起的昂贵项目包括中国的万里长城（阻止了蒙古人的进入）、曼哈顿计划（科学家设计并制造了首颗原子弹）、阿波罗计划（使美国在太空竞赛中胜于对手苏维埃）。

通常，当真要从选民的口袋中掏出巨额金钱时，纯科学（以科学自身为理由进行的探索）并不受人看好。当然也有例外，20 世纪 60 年代，在太空旅行中占优势地位的逻辑认为太空将是下一个前沿，我们必须前往月球，因为人类是天生的探索者。1961 年 5 月 25 日，在一次国会联席会议上的演说中，肯尼迪总统为美国人抵达下一个前沿涂抹上了动人的色彩。这次演说包括了如下这些经常受到引用的句子：

> 我相信，这个国家应当主动地去追索目标，在这个10年结束之前，能让一个人类着陆于月球上并安全地返回地球。对人类而言，这个时代再无别的任何太空计划能让我们如此印象深刻；对于远距离太空探索而言，也无任何计划比它更重要了；没有任何计划具有如此的难度，需要消耗如此巨大的投资。

这些语言鼓舞了所有的探索者，持续了整整10年。然而，事实是，几乎所有的宇航员都选拔自军队。

仅在肯尼迪演讲的前一个月，俄国宇航员尤里·加加林已成为了第一个被发射到地球轨道上的人类。冷战在进行中，太空竞赛在争夺中，苏联尚未成为终极冠军。事实上，肯尼迪在他对国会的演讲中的确采纳了军方的态度。为此，肯尼迪还讲过一段话，就在刚引用的那段话的前面，不过它很少被提起：

> 如果我们要赢得这场全球范围内有关自由与专政之间的战争，近几个礼拜中、那些发生在太空中那激动人心的成就，应当已经向我们说得清楚明白了，就如同1957年斯普特尼克所干的那样，这一冒险行动的影响力作用在了每一个人的思想之上，这些人正处于抉择的关口，在为自己应当选择哪条路走下去而做着抉择。

如果政治环境发生变化，要让美国人（尤其是国会）同意将国家预算的4%用以完成这一任务，将会非常困难。尽管肯尼迪有雄辩的措词，但随后在国会发生的辩论证实了阿波罗计划的资助并非一个提前计划详尽的项目。

穿过太空前往月球有了希望。然而，即使在1926年罗伯特·戈达德完善了液体燃料火箭后，人类技术依然还存在很大不足。这一火箭学上的进步使不经翼上流动空气而实现抬举力这一飞行方式成为了可能。戈达德意识到，前往月球的旅程是可行的，但其设备造价或许会非常高。“它或许需要100万美元”，他曾沉思后说出。

自艾萨克·牛顿写下了万有引力法则后，计算成为了可能，它展现出了一条高效的通往月球的旅程——驾驶速度为每秒7英里（11.2千米）的飞船逃逸地球大气层，其剩下的航程依靠惯性滑行，全过程将耗费1.5天的时间。这样的旅程总计进行了9次，它们发生在1968—1972年。

继约翰·格伦的3次历史性轨道任务后，如果你告诉他，37年后NASA会再次将他送进太空，会作何反应？可以打赌，他会非常惊讶。我们所能做的，也仅是将他送回近地轨道。

太空推特52—55号@泰森

我们没有了月亮会咋样？天文学人会激动到战栗。浪漫的月夜实际是深空观测工作的暴力破坏事件。

2010年11月14日下午1：25

我们没有了月亮会咋样？我们得找些别的什么以代替月亮的周期行为。

2010年11月14日下午1：34

我们没有了月亮会咋样？没有日食没有月食，没有月轮舞，没有狼人，更没有平克·弗洛伊德（Pink Floyd）乐队的专辑《月之暗面》。

2010年11月14日下午1：51

我们没有了月亮会咋样？潮汐会微弱下来——只有太阳产生的潮汐了。NASA或许已实现了人类登上火星的计划。

2010年11月14日下午1：42

为何所有的太空旅行都显得麻烦？

我们从钱开始谈吧。如果我们能花费1 000亿美元以内的代价将某人送到火星上，那么我们会爽快地开工。我与行星学会（由卡尔·萨根和其他人共同成立的一个由全体会员资助的机构，旨在促进太空的和平探索）执行主任路易斯·弗里德曼（Louis Friedman）打了一个友好的赌，“我们在短时间内难以实现人类火星登陆。”更确切地说，1996 年，我和他打赌说，“在接下来的 10 年，不会出现任何政府资助的火星载人计划。”我希望，我会输掉这次赌斗。但我输掉这场赌斗的唯一可能是，载人计划的成本能大幅削减，至少有 10 倍以上的降幅甚至更多。

下面这份便签提醒了我关于 NASA 那传奇式的消费习性，这份便签是一位俄国同事转发给我的：

> 太空笔
>
> 在 20 世纪 60 年代的太空竞赛热潮中，美国国家航空和航天局决定，它们需要有一支圆珠笔，能在太空舱的零重力环境下书写。经过了大量的研发后，太空笔被制造出来，成本大约为 100 万美元。苏联也面临着同样的问题，但他们用铅笔解决了问题。

20 世纪 60 年代，地缘政治环境从纳税人的钱包中抽走了 2 000 亿美元用于太空之旅。今天，除非我们将曾经的地缘政治从头再来一次，否则我对能将现代智人送往近地轨道之外的地方仍持怀疑态度。我引用普林斯顿大学的我的同事小理查德·高特（J. Richard Gott）的话，此番讲话是几年前他在海登天文馆的一次涉及载人航天计划的健康性座谈小组上讲的：“1969 年，（航天飞行先驱）韦纳·冯·布劳恩曾有过一个计划，要在 1982 年前把宇航员送上火星。当然，这并未成为现实。1989 年，乔治·赫伯特·沃克·布什承诺我们会在 2019 年前将宇航员送到火星上去。我可不认为这是什么好讯息，这事实上意味着火星或许正离我们越来越远。”

对此，我加上了有先见之明的预测，它来自 1968 年的科幻经典，《2001：太空漫游》——事情总会向错误的方向发展。

宇宙是广袤而空旷的，其广度超过了所有地球上的测量方式。好莱坞的电影展示星际飞船巡航穿过星系时，通常会展示光点（也就是恒星）如烟花一般漂移而过。在实际的星系中，恒星间的距离实在太过遥远，要实现电影里的飞船运动时的景象，其速度必须达到光速的5亿倍。

如果你乘坐喷气式飞机前往目的地，月亮的旅行将显得遥远。不过，在宇宙尺度上，月球的距离不值一提。如果将地球比作一个篮球那般大，月球则只有垒球那般大。如果我们将地月之间的距离看作10步，那么，火星与我们的距离则有1英里（1 600米）远，冥王星则在100英里（160 000米）之外作轨道运动，比邻星（离太阳最近的恒星）则在50万英里（804 672千米）之外。

现在，我们撇开钱的问题，假设没有经济的烦恼。在这一假设中，我们对探索未知领域及揭示科学真相的高尚需求将得到最大化提速。以足够的速度进行航行，不但能实现地球的逃逸，甚至能逃逸出太阳系。我们如能达到每秒25英里（40千米）的速度就能逃逸出太阳的引力。通过计算，我们抵达距离我们最近的恒星需要漫长的30 000年时间。你也许会觉得这太漫长了，事实上，提高速度就意味着必须以2次幂的等级提高能量。欲将速度翻倍，你必须将能量投入提高至之前的4倍。欲将速度提高3倍，则需将能量提至9倍。让我们集合一些聪明的工程师，他们会为我们建造一艘宇宙飞船，能聚集起足够多的能量以满足我们的需要。

赫利俄斯－B（Helios－B）是美国－德国的联合太阳探测器，曾是最快的无人太空探测器。我们制作一艘航行速度能达到这个探测器速度的宇宙飞船可行吗？赫利俄斯－B于1976年发射，在其加速飞向太阳的过程中，有记录的速度达到了每秒42英里（67.6千米）（这只是光速的1/1 500）。一艘这样的飞船可将航行前往最近恒星的旅程缩减至19 000年，接近于人类有记录的历史时长的4倍。

我们真正想要的宇宙飞船是一艘能以接近光速航行的飞船。理想中，最好能达到99%的光速。你所需准备的则是巨量的能量，这一能量将高于推进阿波罗宇航员踏上月球征程的能量的7亿倍。实际上，这个数据或许还不够准确，偏离正确值太多。这只是在不考虑爱因斯坦狭义相对论的前提下计算得出的。爱因斯坦曾正确地预测，当你的速度增加时，你的质量也会增加。根据这个预测，你必须消耗更多的能量来加速你的宇宙飞船接近光速（速度提升的同时，质量也快速提升）。保守计算，你或许需要至少100亿倍于月球旅程所耗费的能量。

没问题，我们拥有聪明的工程师。今天的我们知道，在拥有行星的恒星中，距离我们最近的不是比邻星，而是另一颗距离我们大约10光年远的恒星。爱因斯坦的狭义相对论显示，当以光速的99%进行旅行时，你老去的速度只有地球上的人类的14%。因此，往返的旅行并非持续了20年，而是3年。在地球上，时光却经历了20年。

开自行车维修店的两兄弟设计了最原始的莱特飞行器，月球与地球的距离超过了这个飞行器在北卡罗莱纳州基蒂霍克所飞行的距离的1 000万倍。太空旅行的成本与难度不仅来自于巨大的航程，还来自于生命对太空的极度不适应性。

很多人会说，早期的地球探索也很糟糕。以贡萨洛·皮萨罗（Gonzao Pizarro）1540年从基多穿越秘鲁的远征为例，当时的他希望寻找东方香料的传奇土地。不良的地理环境与满怀敌意的原住民使皮萨罗的远征军团死伤超过半数（超过了4 000人）。威廉·普雷斯科特（William H. Prescott）对这一噩运重重的冒险进行了经典记述，即《征服秘鲁的历史》。他描述了远征军团旅程开始一年后的状态：

> 路上的每一步，他们都必须披荆斩棘地开辟道路。因为被雨水彻头彻尾地浇了个透，他们的衣物都被沤坏了，挂落在灌木与荆棘之上。有幸残留在身上的，都成了小条索。经历了失败的战争，他们的食物也因气候而被毁掉，这已有很长时间了。他们所携带的生存储备品几乎被消耗殆尽。他们出发时带了将近1 000条狗，用以搜捕倒霉的原住民。现在，他们很开心地宰了这些狗，可怜的尸体也仅能维持他们数日的用食。

在即将放弃希望的时候，皮萨罗和他的人建成了一艘足够大的船，能将剩下人中的一半经由纳波河（Napo River）带走，前去寻找食物与补给：

森林为他提供了木材；在路上死掉的或被宰杀充当食物的马匹的马掌被做成了钉子；从树上蒸馏出来的树胶替代了防水胶；士兵破烂的衣服则成了填补船缝的麻絮替代品……两个月后，一艘双桅帆船完成了。粗暴拼凑起来的船有能力承载他们一半的队伍。

皮萨罗将这艘临时船只的指挥权移交给了弗朗西斯科·德·奥雷亚纳（Francisco de Orellana），一名来自特鲁希略（Trujillo）的骑士，他自己则留在后方等待船只返回。许多个星期后，皮萨罗放弃了对奥雷亚纳的期望，他回到了基多城。一年后，皮萨罗知道奥雷亚纳成功地驾着他的船顺纳波河而下开到了亚马逊河且没有回头的打算，他继续沿亚马逊河驶抵了大西洋。随后，奥雷亚纳与他的人航行去了古巴，他们在那里找到了安全返回西班牙的办法。

对那些希望成为星际旅者的人，从这个故事里学到了什么？假设，装载着宇航员的宇宙飞船在一个遥远的、充满敌意的行星迫降。宇航员们活了下来，但宇宙飞船毁灭了。问题来了，与之前的故事相比，不友好行星的危险度远大于不友好原住民。这颗行星或许没有空气；又或许有空气但有毒；又或许有空气且无毒，但大气压高出地球100倍；又或许大气压力正常但空气温度为零下200摄氏度或者零上200摄氏度。对我们而言，它们都是致命威胁。

他们也许能在残留的生命支持系统中存活一段时间。同时，他们需要做的是在这颗行星上开采原始材料，白手起家地建造另一艘宇宙飞船，并搭建与其配套的控制电脑。他们还需要建造一座火箭燃料厂，然后将自己发射回太空并驶回地球。

这是一出彻头彻尾的荒谬情节。

也许我们应该用基因工程造出新的生命形式，以耐受太空的压力而存活，且能进行科学试验。事实上，此类“生命”形式早就在实验室中被创造出来。人们称它们为机器人。它们不需要被饲养；不需要维生系统；即使你不将它们带回地球，它们也不会表现出焦虑。人类可不能离开呼吸、进食、回家。

在不缺乏旅行资金的情况下，在没有非友善宇宙条件的情况下，我们需要的不是一厢情愿的梦想，也不是粗阅探索历史后就受到科幻辞藻的鼓舞。我们需要的是科学理解宇宙的结构，我们要学会等待，即便我们有可能永远无法等到。我们也许不能在时空的连续统一体中开拓出捷径，开拓出那或许能连接宇宙与宇宙间的虫洞，但我们必须坚持探索。

29　向着星空彼岸努力

2003年2月，哥伦比亚号航天飞机重入地球大气层失败而导致机载人员死亡。在随后的几个月，人人都成了NASA的批评家。在最初的震惊与伤痛之后，是无穷尽的记者、政客、科学家、工程师、政策分析师及普通纳税人展开的辩论，他们辩论着美国所参与的太空的过去、现在与未来。

尽管我本人一直对这个领域兴趣斐然，但我在美国航空航天工业主席委员会的任职确实强化了我对这一领域的理智与敏感性。在报刊专栏与电视脱口秀节目里偶尔出现的新争辩中，总会夹杂着一些重复的问题：为什么不送机器人进太空而要选择人类？为什么在地球经济尚不富足的条件下烧钱到太空？经历了这次事件，我们如何才能重燃大家对太空计划的激情？

是的，那段时间确实很难激发激情，但缺少激情并不代表冷漠。这种情况似乎正说明了太空探索已过渡到了我们的日常文化。

20世纪60年代，太空是个醒目的前沿——由少数勇敢而幸运的人攀登。NASA对太空做出的每一个举动都能在媒体间激起波涛。这也客观地说明，太空对当时的人们而言是一片陌生的版图。

对酷爱航空航天业，以及每名受雇于航空航天业的人来说，20世纪60年代是美国太空探索的黄金时代。一系列的太空任务，一个比一个更远大，我们引领实现了6次登月行动。就如我们曾许过的诺言，我们去月球上漫步了。显而易见，火星将成为下一个目标。那些冒险任务以前所未有的高度点燃了公众对科学与工程的兴趣，激起了期望，鼓舞了整个美国教育系统中的学生。随之而来的，则是国内在技术上的爆炸性发展，推动了我们整个社会的进步。

这的确是个美妙的故事。不过，我们切忌自欺欺人地认为，我们登月是因为我们是先锋、探索家、无私的发现者。我们登月只是因为冷战政治使月球成为了一个在军事上能实施行动的权宜之计。

1961 年，在俄国宇航员尤里·加加林成为第 1 个到达地球轨道的人的几周后，约翰·费茨杰拉德·肯尼迪对国会说，“美国，在这个 10 年结束之前，应将一个人着陆到月球并让他安全地返回地球。”肯尼迪可未建议，为了登月而登月。他是在为战胜共产主义而发起强力的呼吁。这位总统显然明白，勇气或许能赢得战争，科学与技术却能赢得战役。

以发现本身为目的的探索又如何呢？对火星载人航空任务来说，其科学回报的内在重要性是否足以证明其自身价值？毕竟，任何可预期的火星任务都将是漫长且昂贵的。美国是个富裕的国家，它能承受这样的经济预算，且拥有项目需要的技术。

同时，烧钱项目也是脆弱的，它需要经受时间可持续性考验、不同领导人的政治震荡考验、经济滑坡考验。如果将无家可归的儿童、工厂失业工人的照片，与火星上嬉戏玩闹的宇航员照片并列陈放，我们会看到强烈的反差，人们会强烈反对太空任务得到持续资助。

回顾历史上那些宏大的项目——那些从国内生产总值中获得了非凡比例资助的项目均反证了战争（防御）、经济回报、力量崇拜的重要地位。通俗点讲，它可以解读为：你不想死，不想穷死。如果你足够聪明，你会选择去尊敬那些在权力上凌驾于你之上的人。这样，当满足上述重要条件之一时，你将能获得充足的投资。美国洲际间那长达 44 000 英里（70 811 千米）的高速公路就是一个鲜明例证。它起源于艾森豪威尔时代，为运送战争物资建设的有关国家防御的交通网络，在商业交通中也得到了重度的使用。这也解释了为什么人们总会为交通而投资（同时拥有战争、经济回报双重重要地位）。

在航天飞机项目中，死亡风险极高。在总计 130 多次发射中，我们失去过 2 架航天飞机，宇航员存在 1.5% 的死亡率。如果，每次驾车前往猪仔超市（世界上首家提供自助购物体验的商店）的路上你均存在 1.5% 的死亡率，你绝不会选择驾车前往。

在全人类中，间或会有人自冒生命危险去拓展世界的边界，我为自己能成为这个族群中的一员而感到骄傲。他们会第一个看到悬崖另一面的风光，第一个攀爬山峰，第一个远洋大海，第一个去触摸天际，第一个登陆火星。

不过，这些行为都需要巨大的经费资助。我们已成功到达山巅，现在摆在新探索前的则是实实在在的经费问题。如果一直没人提供支票，我们或许只能在之前攻克的山头原地熄火。

事实上，也存在一些别的办法使前进持续，战争问题会将我们带入捷径。如军事冲突的历史提示，科学与技术将决定战争的胜负。那么，与其去计数我们的智能炸弹的数量，不如去计数我们有多少聪明的科学家与工程师。他们努力攻克的那些诱人项目一定很多：

·我们应当去火星上寻找化石，并弄明白为什么液态水不再在其表面流淌了。

·我们应当去看看一两颗小行星，获知如何才能使它们转向。如果一颗小行星向我们扑来，而我们却束手无策，对我们这样有大大的脑容量的人类而言是多大的耻辱。

·我们应当钻透木星卫星欧罗巴那数千千米深的冰层，在其下的液态海洋中寻找或许存活着的有机体。

·我们应当探索外太阳系的冥王星及其冰态天体的家族成员，因为它们保留有我们行星起源的线索。

·我们应当探测金星那厚厚的大气层，去理解为何它的温室效应会出岔子，使表面温度高达900华氏度（482摄氏度）。

太阳系内的一切事物都应在我们的掌控中，我们应当同时部署机器人以及人类前往，因为机器人不能成为优秀的野外地质学家。放眼宇宙，也不应有哪一部分可以从我们的望远镜中被掩藏。我们应将望远镜发射到轨道上去，给它们以最宏伟远阔的景象，回望地球，回望太阳系的其余部分。

在这些优秀的任务与项目的推动下，美国将能保证在未来爆发出最优秀的天体物理学家、生物学家、化学家、工程师、地质学家及物理学家。这些人会集合起来，形成一类新的导弹发射井，不过这些发射井中填充的是知识分子。他们时刻准备着，在受到召唤时涌现。

今天，残酷的事实是，美国的太空计划与哥伦比亚号航天飞机的全体船员一起逝去了——因为没人愿意为其继续前行而签署支票，原地踏步就是倒退。

30　美国与新兴的太空力量

我和NASA出生于同一个礼拜，还有一些人也出生于同年：麦当娜(Madonna)、迈克尔·杰克逊（Michael Jackson)、米歇尔·法伊弗(Michelle Pfeiffer)、莎朗·斯通（Sharon Stone)。那年，芭比娃娃拿到了专利，电影《幽浮魔点》也上映了。最重要的是，那年还是首次戈达德纪念晚宴举行的时间，1958年。

我是一名天体物理学家，这是一门古老的职业。人们关注天空已有很长的时间。通过两任总统委员会的任职，我已为航空航天贡献了我的黄金时光。作为一名学者，我不会用权力去凌驾他人他事。我不命令军队，不指挥工会，我只拥有思考的力量。

在我观察我们这一满布麻烦的世界时，时常感到焦虑。很少有人为他们所做的事情思考，请允许我列举一些例子。

某天，我在读新闻报纸（通常，读报纸是件危险的事)。我看见一则头条新闻报怨，“本地有一半学校学员的成绩低于平均水平”。你仔细想想，平均水平本身就意味着有一半在上、一半在下。

又比如，“空难幸存者中的80%都在飞机起飞前找到了紧急出口的位置”。也许，你认为这是一条不错的信息，为避免意外我需提前留意紧急出口。事实上，你仔细想想，这句话存在一个问题：也许，死掉的人中100%地注意到了紧急出口位置。只是这种可能性你永远无法知道，因为他们已经死亡。这就是当今世界盛行着的模糊思维。

再比如，一些人经常说，国家彩票是变相向穷人课税，因为低收入者在彩票上的花销与他们所得极不相称。真实情况是，国家彩票并非是对穷人课税，它只是课税了那些从不学习数学的人。

2002年，我被召去做义务陪审员。我按时到场，准备好了服务。当我们进行到宣誓阶段，承诺将会照实陈述时，律师对我说，“我知道，你是一位天体物理学家。不过，天体物理学家是啥?”我回答，“天体物理学将物理法则应用于宇宙——大爆炸、黑洞，以及类似东西。”他问，“你在普林斯顿教什么?”我回答，“我教授的那门课是证据的评估与目击证据的相对不可靠性。”5分钟之后，我已站在了街上。

几年后，我再做陪审员。法官陈述，被告被控持有1 700毫克可卡因。可卡因在他身上被发现，故而他被捕了，他正接受化验检查。在问答结束后，法官问我们，是否还有新的问题向法庭陈述。我说，“是的，法官大人。为什么你会选择称其持有1 700毫克可卡因，而不是1.7克可卡因？事实上，1 700毫克等于1.7克，1.7克的重量甚至不如1角硬币重。”我再次回到了外面的街道。试想，我们互相告别说再见时，会说，“100万纳秒后再见吗?”不，你绝不会用这样的方式交谈，这就是模糊思考。在前面的例子中，它有较大概率是被故意模糊的。

在世界上，还有另一个领域存在模糊思维，即那场被称为智能设计论的运动。它主张，某些事件过于不可思议或过于错综复杂，以至于它无法被解释。论点即，这些事件挑战了科学对其进行因果关系的阐明。因此，它们的来源应是某个天然智能的、有精确目标的设计师。这一理论真是糟糕。

让我们发起一场名为愚蠢设计论的运动吧，我们终将明白它会把我们带向何方。比如，想想你的阑尾，它除了能给你带来小概率致死风险外，不起任何作用。毫无疑问，这是一个愚蠢的设计。又比如，你小指的指甲，你几乎不能为它涂上完整的指甲油，因为它生长太快且面积太小。再比如，口腔，你能通过它呼吸和饮水，但它也会导致人类被呛死。最后一个例子，在我们的两腿间，存在一个下水道系统，但它也是我们的娱乐中心——这是谁的设计？为何这样设计？

一些人试图在生物教科书上贴便贴并警示众生，进化论只是众多理论中的一条，可信可不信。事实上，宗教的历史远长于科学，它甚至会永久存在。不过，我想在这里强调的是，宗教正渗进科学的课堂。在科学家的传统中，绝不会是在星期天打破学校的大门，告诉说教者应该教些什么。科学家们不会监视教堂。总体上讲，今天的科学与宗教达成和平共存已有一段不短的时光了。通常，最大的冲突并不在于宗教与科学，而在于宗教与宗教之间。

让我们回退 1 000 年，800—1 200 年，西方世界的学术中心在巴格达（Baghdad）。为什么？因为它的领袖对任何喜欢思考的人都是开明的：犹太教徒、基督教徒、穆斯林、无宗教人士。每人在辩论桌前都被允许有一席之地，使思想的交流最大化。同时，巴格达的图书馆收藏了全世界的书籍，并将其翻译为阿拉伯语版本。这为他们带来的好处是，阿拉伯人在农业、商贸、工程、医学、数学、天文学、航海学上有了极快的进步。夜空星星中的 2/3 皆以阿拉伯的名字命名。你是否意识到，如某件事你是首个发现者且做得最好，你将获得命名权。阿拉伯人在 1 200 年之前得到了星星的命名权是因为他们将星星标绘得比任何人更好。他们从不成熟的印度数字系统中拓荒出了新的代数领域，数字被命名为“阿拉伯数字”。“运算法则（Algorithm）”是另一个我们熟悉的词汇，它源于一名巴格达数学家的名字，他还给我们带来了代数基础。

后来又发生了什么？13 世纪，随着蒙古人对巴格达的掠夺，完整的无宗派知识体系全部崩塌，随之崩塌的还有防御工事与图书馆。之后，再未复原。

今天，在穆斯林世界的许多分支中仍存在一个鸿沟，存在于被高度重视的知识体系（人类对自然世界理解的素养）与被高度重视的虔诚品质之间。在我们的世界，信奉正统派基督教的教徒中，也有一个可与之相比拟的鸿沟。在鸿沟处，科学、技术及医学都停滞了下来。生物书上的警示性语言就是一个糟糕的提醒。我想提醒那些贴警示条的人，你们是否也应在《圣经》上贴上类似的警示性语言，“这些故事中的一部分也许非真。”

2001 年春，我在普林斯顿大学校园里那修剪过的草坪中专注着自己的事情。这时，电话响了，是白宫的来电。我得到通知，他们希望我加入一个委员会，研究航空航天业的健康问题。我甚至不会驾驶飞机，我对此并不热情。接着，我仔细研究了航空航天工业。我意识到在之前的 14 年间，它削减了 50 万个工作岗位，这个行业正经历着一些不妙的事情。

委员会的第一次会议将在当年的9月底召开。偶然地，爆发了“9·11”事件。

我活了下来了，就在距离撞击点4个街区远的地方。那天早晨，我本应去往普林斯顿，不过因为部分书稿未完成，我待在了家里。一架飞机飞来，另一架飞机飞来，他们让我失去了后花园。使命在召唤，我华丽变身：我的祖国遭到了袭击，我的后花园遭到了袭击。

我清楚地记得，自己初次步入会场时的情形。在那间充满雄激素的屋子里，11位委员分别占据了不同的地方：将军张三、海军部长李四、国会议员王二麻子。我并非表达自己没有雄激素，而是希望强调我拥有的是布朗克斯雄激素。甚至，委员会中的女人们也展示着自己的雄激素。一个有南部口音的女人用矫揉的语调说，“捧臭脚去吧（Kiss my grits）”（美国1990年上映的一部与性相关的电影）。另一个女人是摩根史坦利投资公司（Morgan Stanley）的首席航空航天分析师，她的一生都是海军的小妖精，性器官让她拥有了这份产业。

我们周游全世界以了解当时的航空航天业状况。我曾在中国派送人类到太空之前拜访过那里。我脑袋里装着老套的场景，那里应是满街的自行车，实际情况却是奥迪、梅塞德斯奔驰、大众汽车塞满了大街小巷。我回到家中，检查了我身边很多物品的标签，大多数都贴有中国制造。我们的许多钱正流向中国。

在游览长城这一军事项目的旅途中，我能看到很高很远的地方，看不到任何技术手段的痕迹，只看到了建造这些城墙的砖石。但令我惊讶的是，我拿出手机跟我在威彻斯特（Westchester）的母亲通电话，信号异常清晰且连续，这是我用手机与她通话以来信号最好的一次。在中国，你不会听到，“你能听见我说话吗？你能听见我说话吗？”但在美国的东北走廊（美国最繁忙的一条铁路线），这是家常便饭。每次你登上美国铁路公司的班车；每次经过有树的地方，信号就会变得断断续续。

所以，当中国说，“我们将把人类送入轨道”时，我已不再感到意外。中国说，“我想将人类送上月球、火星”，我也丝毫不会怀疑。

在走访中国后，我们访问了俄国的星城，它就在莫斯科的外面。星城是俄国太空项目的中心。

在这次访问中，真正让我寒毛直竖的是布鲁塞尔（Brussels）。在那里，我们与欧洲航空航天的规划者和主管进行了会晤。他们刚发布了20年航空远景文档，他们还曾从事过伽利略系统的工作，这可是一个与我们的全球卫星定位系统（GPS）直接竞争的卫星导航系统。因此，我开始了焦虑：如果他们完成了伽利略系统并实现了飞机上的装载并告知我们，飞往欧洲的美国飞机必须装载这套系统，会发生什么？我们这边的相同行业早已年迈体衰，那时，只是飞往欧洲就必须重新翻新我们的飞机可不是什么好事。在这天到来之前，如能维持原状，欧洲人至少还能免费地使用我们的系统。

我们当时围坐在桌子的周围，像谈论黄豆那样谈论航空航天业产品——贸易条例、关税、限制；如果你要这样做，我们会那样做。我思量着，这中间始终有什么地方不对劲。航空航天业是超凡技术的前沿。如果你真的站在前沿，绝不会坐在桌子边谈判使用权。你会远远地超越其他人，无须担心他们想要什么。你只是将它赏赐给他们。这是美国人在20世纪中大多数时间里摆出来过的姿态。20世纪50—80年代，几乎每架在你们城市降落的飞机都标示着美国制造。从阿根廷航空公司（Aerolineas Argentinas）到赞比亚航空公司（Zambian Airways），所有的执飞飞机都是波音飞机。我愤怒了，不是生气那个与我对坐着的沾沾自喜的家伙，而是自我生气。我对美国生气，因为进步绝非只是做一些增量的事情。进步需要创新，我们需要革命性的进步而不仅是递增性的进步。

我愤怒，愤怒于航空航天俨然变成了一件讨价还价的货物。同时，我还是一位教育者。当我站在八年级的学生面前，不情愿地告诉他们，“成为一名航空航天工程师，你将能构造飞机且其燃油效率会高于今天的20%。”事实上，这种话怎会令他们兴奋。我应该说的是，“成为一名航空航天工程师，你将能为飞行于火星稀薄大气中的设备制造机翼；成为一名生物学家，你将能在火星、欧罗巴上寻找到生命的痕迹；成为一名化学家，你将知道月球的化学成分以及太空的化学成分。”只有提出这样的愿景，给他们指出这样的目标，野心才会滋生于他们心房。星火将被点燃，他们的前程将被照亮。

布什政府的远景声明已经出台：月球、火星及更远的地方。虽然在边角部分尚存争议，但还算一个有理想的远景。公众对这一远景的认识与理解尚有不足。不过，如果我是国会的主宰，我会发布一份布告将NASA的预算翻一番，使其达到400亿美元。国立卫生研究所拿到了300亿美元的预算（因为人们认为健康很重要）。事实上，多数高技术的医疗设备皆源于物理学的发现，核磁共振、正电子发射型计算机断层成像扫描、超声、X射线。我想强调的是，医学中的诸多进步其实是源于其他工作，科学体系存在学科交叉。

太空推特56号@泰森

NASA半个世纪的预算总和，等同于目前美国军队的两年预算总和。

2011年7月8日上午11：16

当你们将NASA的预算翻倍时，会发生什么？远景会变得异常宏大，远景将有更大概率成为现实。你们将吸引整整一代人，甚至下一代人迈进科学与工程学。人们都知道，21世纪的所有新兴市场都将由科学与技术驱动，任何未来经济体的基础都离不开科学与技术。你如果停止革新，别人就会追赶上来。停止抱怨吧，开始革新。

让我们聊聊真正的革新。人们常问，如果你想要的东西是主要目标所带来的副产品，为何不直接投资副产品，非要等着那偶然的机会去产出？答案是：事情并非按你想象的那样发展。假设你是一名热力学领域的世界级专家，你受邀帮我建造一个好炉子。你也许能发明一台对流炉，或者一台更隔热的炉子，或者更易取出内容物的炉子。但你绝不能发明出一台微波炉，因为它来自于另一领域，它来自于对通信的投资，来自于雷达。微波炉来自于战争的力量，而非某个热力学家的才华。

再来聊聊哈勃望远镜。记得它的坏镜子吗？在它被修好之前，我们不得不等待3年时间。在那段时间，我们对从望远镜上获取的数据做了些什么？一名计算机科学家提出了一种算法，可将哈勃的图片最大化信息量提取。他写出了那个算法，且我们一直使用着。突然，又有人说，“那真是个好算法，我们如将其用在乳腺 X 光片上，可实现乳腺癌的早期诊断。”因此，它得到了更大的拓展应用。这就是一直发生着的学科交融。这也是部分未来主义经常犯错的地方——因为他们总喜欢用当前情况外推，他们不理解学科交融。

我敢断言，太空是我们文化的一部分。你或许听到过这样的抱怨，没人知道宇航员的名字，没人为发射火箭而兴奋，行业外没人关注我们。这些话，我绝不会相信。事实上，当哈勃或许不能被修复的声明发出时，沸反盈天的声音并未来自 NASA 或天体物理学家，而是公众。哥伦比亚号航天飞机被发射时，没人注意也没人能列出宇航员的名字；但当它重回大气并解体时，整个国家停滞下来陷入了哀恸。这可不是一个人心冷漠的国家所能做出的举动。当某国家对某事情表现出的关注度不够，恰说明了它已成为了这个国家文化的一部分，越普通的行为越不容易引起关注。

太空的文化沉淀很深。去年的 7 月 1 号，卡西尼号被拉入了土星轨道，这一过程并未提及太多科学问题。《今日秀》将其作为一条重要新闻对我发出了邀请。当我抵达那里时，人们都说，“恭喜！不过，这意味着什么呢?”我告诉他们，“那意味着很棒，我们即将研究土星及其卫星。”马特·劳尔（Matt Lauer）似乎希望揭露更深层的东西，他说，“泰森博士，这是一项 33 亿美元的任务。你认为，应该如何证实那笔开销的价值?”我回答，“首先，33 亿美元被分成了 12 份。这是一项跨期 12 年的任务。事实上，每年不足 3 亿美元。3 亿美元，甚至不如美国人每年花销在唇膏上的总支出。”

当我说了那些话后，摄像机摇晃了起来。你能听见台上的人和灯光师们在窃笑。马特并未回应，只是结巴地说，“该你了，卡蒂（Katie）”。此时，一直在旁边观看这场秀的观众鼓起了掌声。他们举起了自己的无色唇膏，说，“我们想要去土星!”

不可否认，太空文化具有很深的渗透性，它并不局限于工程师的范畴。你在纽约打出租车，后座与前座之间有道屏障，你和司机的任何交谈都必须穿透玻璃。我最近的一次打车，遇到的司机是个健谈的家伙，年纪不到23岁。他对我说，“我想，我能辨出你的声音。你是关于银河系的一名专家吗?”我回答，“是吧，我想是的。”他继续说，“我在一次节目上见过你，那次节目非常棒。”

他对我感兴趣并非因为我的名声，而是另一类的邂逅。这也解释了他和我的对话为何从这样的问题开始：“多告诉我一些黑洞的事，多告诉我一些银河系的事，多告诉我一些寻找生命的事。”我到达了目的地，我付钱给他时，他说，“不用了，免费!”这个23岁的家伙，有老婆、孩子和家庭，他正开出租车赚钱养家。但他拒绝了我的付费，因为他知道，宇宙可使他感到激动。

另外一个例子。我带女儿去学校，准备好了和她一起过马路。一辆垃圾车正好停在了人行横道上。垃圾车不应停在人行横道上，可它停了下来。我想起了一部电影，影片里一辆垃圾车从一个男人旁边驶过，垃圾车开过以后那个男人消失了，这让我感到焦虑。回到现实，司机打开了车门叫出了我的名字，“泰森博士，行星们今天咋样啊?”（我并不认识他。）

接下来，是个很棒的故事。它发生在罗斯地球与太空研究中心，我在那里工作。那里有个门卫，在他的3年工作经历中从未与任何人交流过。他就在进门处，他并不知道谁是谁：也许他在沉默，也许他有点迟缓。某天，出乎意料地，他在打扫地面时发现了我。他停了下来，以自豪的姿态紧抓着他的拖把，他说，“泰森博士，我有一个问题。你能给我1分钟时间吗?”我以为，他会问一些与工作条件相关的事，我回答，“有啊，当然可以。”他说，“我一直在思考。我看见过很多来自哈勃望远镜的照片，也看见了气体云。我知道，恒星由气体构成。我想问，恒星是由我看见的那些气体云构成的，对吗?”这来自于一名3年不曾开口谈话的门卫，他的第一句话就触及天体物理学中的星际间物质。我跑回自己办公室，拿出了7本书递给了他，“给你，与宇宙沟通吧，你需要它们。”

我用两个观点作为我的结束语。第一个观点引用自我两周前从别人那里得到的说法：“要成为一名宇航员，有许多事需要我去做。不过，我首先需要去的是幼儿园。”这是一名4岁小孩说出的话。

如果你将NASA的预算翻番，莘莘学子将会在他们的各个教育阶段受益。即使他们不成为航空航天工程师，我们也将拥有以梯队方式呈现的、受过科学教育的队伍，他们可以发明一些东西并创造出明日的经济基础。这还不是全部，想想，如果下一次的恐怖袭击来自生物武器，我们应该去找谁？我们需要世界上最优秀的生物学家。来自化学武器呢？我们需要最优秀的化学家。我们一定会拥有这些人，因为大多数人开始致力于与火星相关的问题，致力于与欧罗巴相关的问题。我们能吸引住他们，因为我们有宏大的愿景。我们不会失诸交臂地让他们去了别的行当。他们不会成为律师或者投资银行家，如同20世纪80—90年代那样。

从这个角度看，300亿美元已相当便宜。它不仅成为了投向未来经济的一笔投资，也成为了对我们安全保障进行的投资。我们不仅需要计数发射井中的导弹数目，更需要计数我们还有多少科学家与工程师。

此外，最可贵的资产是热情，对国家行为的热情。我们应该引导这一热情，并珍惜它。

31　太空热情的错觉

在改进人类的发明成果上，人类的聪明很少会失败。无论是什么，无论其首秀时多么令人眼花缭乱，都无法逃脱被取代的命运，并在未来的某天变得古色古香。

公元前2000年，用打磨光滑的动物骨骼与动物皮带可制成冰鞋，这是交通上的突破。1610年，伽利略放大了8次幂指数的望远镜，是探测领域的一件惊人突破，它能让威尼斯的参议员们在不怀好意的船只进入湖泊之前就发现它们。1887年，1马力的奔驰一号成为了首辆商业制造的由内燃机驱动的汽车。1946年，重30吨、有一间陈列室那么大、充斥着18 000个真空管与6 000个人工开关的埃尼阿克引领了电子计算。今天，你能踩着轮式溜冰鞋滑过路面，能凝视那些由太空望远镜带给你的遥远星图，能在一辆600马力的跑车上巡航于高速路，还能带着你那3磅重的带有无线网络的笔记本电脑前往室外咖啡馆。

当然，这些进步并非从天而降，它是聪明人的思考结晶。问题是，要将一个聪明的点子转变为现实，必须得有人为他签署经费投资支票。当市场力量发生转移，那些签支票的人或许会失去兴趣，支票也会跟着失效。如果，电脑公司在1978年停止了革新，你今天的办公桌上也许还摆放着一台100磅（45.35千克）重的IBM 5110在那里耀武扬威。如果，通信公司的革新停滞在1973年，你今天将依然抱着一部2磅（0.9千克）重、9英寸（23厘米）长的手机。如果，美国太空业在1968年就停止了对更高级火箭的研发，那我们将永远无法超越土星5号火箭。

事实很遗憾，今天，我们仍未超越土星5号，它是有史以来的载人飞行过的最大最强劲的火箭。那个36层楼高的土星5号曾是首个也是唯一一个将人类从地球送往宇宙中另外某个位置的火箭。它实现了1969—

1972年间的每次前往月球的阿波罗任务，以及1973年发射的美国太空站、太空实验室1号。

受土星5号及阿波罗项目的鼓舞，我们展望并实现了很多预言，但有一个我们没能实现：在20世纪90年代，应当出现太空居住地、月球基地、火星殖民地。随着月球任务的平息，对土星5号的资助也人间蒸发了。额外的生产运行被取消了，生产商的专业机械工具被毁掉了，技术娴熟的工人也被辞退了。今天的美国工程师甚至无法再造一个土星5号的克隆体。

是什么样的文化力量将土星5号冻结在了时空中？是什么样的误解划下了期望与现实间的重重沟壑？

预言通常以两种形式出现：怀疑与狂热。怀疑使怀疑主义者们宣称，原子永远不会被分裂，声障永远不会被打破，人们的家里永远不会也不需要有电脑存在。对于土星5号来说，正是狂热的情绪将未来主义者带偏了方向，将土星5号假想成了一个前途光明的未来开端（他们从来没有考虑过，土星5号将会成为一个终结）。

太空推特57—58号@泰森

长达30年的航天飞机项目落幕，收获了许多挽歌。但有什么技术是你从1981年使用到现在的呢？

2011年7月21日凌晨5：43

没有任何技术可以使用这么久而不更新。当然，与航天飞机不同，你自1976年用起的梳篦并不能算作有几十年高龄的技术。

2011年7月25日下午4：58

1900年12月30日，在《布鲁克林鹰报》于19世纪发行的最后一次周日报纸上，出现了一份16页的增刊，大标题为《自此100年后的世界将有哪些不同》。这一主题吸引了许多投稿者，他们来自商业领袖、军人、牧师、政客，及各种不同信仰里的专家。他们分别畅想了100年后，即2000年的家庭、经济、宗教、卫生及战争会变成啥样。他们为电力与汽车的潜能而狂热。增刊甚至还登出了一张地图以描绘变化后的世界。

多数作者描绘了一个广阔的未来，但并非所有作者都行为一致。乔治·丹尼尔斯（George Daniels）是纽约中央暨哈德逊河铁路局的官员，他就愚蠢地预测：

> 20世纪如还能见证到如19世纪所发生的那样巨大的交通进步，简直不可思议。

在他的文章中，丹尼尔斯展望了不太昂贵的环球旅行。他实在无法想象，什么玩意儿能替代蒸汽作为地面交通的动力来源，更别说去想象那些在空气中移动的交通工具了。

3年后，威尔伯与奥维尔·莱特进行了有史以来第一次有动力的、受控的、重于空气的飞行。1957年，苏联发射了第一颗卫星进入地球轨道。1969年，两名美国人成为了在月球上漫步的首批人类。

丹尼尔斯也不是唯一一个误读了未来技术的人。即使是理智尚存的专家也会鼠目寸光。在《鹰报》增刊的第13页，美国专利局首席检察官W. W. 汤森（W. W. Townsend）写道，“汽车或许是这个10年的交通工具，空中飞船或许是这个世纪的交通工具。”汤森谈及的东西是软式小型飞船与齐柏林硬式飞艇。丹尼尔斯与汤森都不是对这一改变中的世界了如指掌的人，对明天的技术会带来什么，他们并不知情。

对于航空业的未来，就连莱特兄弟也曾犯过错误。1901年，威尔伯为测试一架滑翔机付出了一个夏天的时间，却屡遭失败。他告诉奥维尔，人类的上天计划或许要等上50年。事实上，航空业仅在2年后就诞生了。1903年12月17日上午，寒风凛冽，北卡罗来纳州一座名为杀魔山（Kill Devil Hill）的沙丘上，奥维尔成为了第1个在空中试飞的人。他那划时代的旅程持续了12秒，跨越了120英尺（36.5米）。

如果从数学家、天文学家、皇家学会金牌获得者西蒙·纽康（Simon Newcomb）在那之前2个月发表的文章推断，从杀魔山起飞的那次飞行绝对无法在那时发生：

> 20世纪注定会看到某种自然力量，使我们能以比鸟儿更快的速度，从一个大陆飞往另一个大陆，这是具有极大可能性的。
>
> 不过，当我们问到，在我们当前的知识水平下，空气中飞行是否可能时；问到以我们当前拥有的材料，用钢铁、布料、线材组合而成，以电力或蒸汽作驱动能否构成一个成功的飞行机器时，我认为前景不容乐观。

一些消息灵通的公众意见代表甚至更离谱。距离莱特兄弟在其原始的莱特飞行器中实现腾空的一周前，《纽约时报》还沉浸在怀疑中。1903年12月10日的报道中并未提及莱特兄弟，而提及了著名的、受到资助的他们的竞争对手塞缪尔·兰利（Samuel P. Langley）。他是一名天文学家、物理学家，还是史密森尼学会的行政主管。《纽约时报》宣称：

> 我们希望兰利教授不会将自己那作为科学家的崇高与伟大的声誉用于更大的冒险，在进一步的飞船试验中浪费他的时间及投资人的金钱。生命苦短，相比他尝试的飞翔，他或许能为人类提供更多其他的伟大服务。

你或许会认为，多个国家的人进行飞行研究，或许会改变怀疑者的态度。事实并非如此。威尔伯·莱特在1909年也曾写道，“不会有飞行器能实现从纽约到巴黎的旅程。”英国作战部长理查德·伯登·霍尔丹（Richard Burdon Haldane）在1909年告诉国会，“即便飞机在某天能成为一种伟大的事物，从战争的观点看，它不会显得很重要。”一名受高度重视的法国军事策略家，第一次世界大战接近尾声时的盟军最高指挥官费迪南·福煦（Ferdinand Foch），在1911年曾表示，“飞机是个有意思的玩具，但尚不能说明其具有军事价值。”同年的稍晚，在靠近的黎波里（Tripoli）的地方，一架意大利的飞机首次扔下炸弹。

许多哲学家、科学家及科幻作家对外太空充满了幻想。16 世纪的天主教会修士，哲学家乔尔达诺·布鲁诺（Giodano Bruno）提出，“智慧生物存在于无穷尽的世界中”。17 世纪的战士作家萨文尼昂·西拉诺·德·贝尔热拉克（Savinien de Cyrano de Bergerac）将月亮描述为一个有森林、有小提琴及人的世界。

不过，那些作品都是幻想，并非行动的蓝图。在 20 世纪早期，电、电话、汽车、收音机、飞机及无数其他工程学奇迹正转变为现代生活的基本特征。照此推理，地球人就不能造出能遨游太空的机器吗？当时许多理论界的人认为，这一机器不能实现，这样的想法甚至持续到 1942 年世界上第一枚远程弹道导弹即德国的杀伤性 V－2 火箭试发射成功之后。

理查德·范德瑞特·伍利（Richard van der Riet Woolley）是第 11 位英国皇家天文学家，他创造了一种特别的伍利式评论。当他从澳大利亚经过 36 个小时的飞行降落在伦敦时，记者们就太空旅行的问题采访了他。“太空旅行就是彻头彻尾的瞎想”，他回答说，那是 1956 年。1957 年初，李·德·弗雷斯特（Lee De Forest），这名产出甚多的美国发明家就宣称，“人类永远无法抵达月球，无论未来科学会出现什么样的进步”，他曾帮助了电子时代的诞生。事实上，1957 年发生了什么？不少于两颗苏维埃的斯普特尼克号进入了地球轨道，太空竞赛已然开始了。

如果有人说某个想法是“瞎想”，你一定要仔细想想，这个想法是否违背了经过精密测试的物理法则。如果违背了，它也许是瞎想；如果未违背，你则需要去找到一个聪明的工程师，还必须找到一份稳定的投资。

苏联发射斯普特尼克 1 号那天，科幻小说中的某章节成为了科学现实，未来已然到来。突如其来地，未来主义者带着他们的热情全身心地投入了进来。技术以光速进步的错觉替代了技术永不能进步的错觉。专家们也从对技术进步缺乏自信直接过渡到自负阶段。

时事评论员开始变得钟爱回忆，在那段时间，一些之前不可想象的目标似乎都有可能得以实现。1967 年 1 月 6 日，《华尔街日报》的一篇封面文章宣称：“在接下来的这些年，美国在太空项目上最雄心勃勃的目标是，将人类送上相邻的火星。多数专家预测，这一任务能在1985年前完成。”2月，《美国未来学家》杂志的创刊号宣称，“据兰德公司（RAND Corporation）这一先锋智囊团的远期预测，至1986年前，有60%的概率会出现一个驻扎人类的月球基地。”1980年，火箭先驱罗伯特·特鲁阿克斯（Robert C. Truax）预测，至2000年，将会有50 000人在太空中生活并工作。事实上，在2000年，人类确实实现了太空中的生活与工作，但并非50 000人，而是3人（国际空间站的首批成员）。

在威尔伯与奥维尔的时代，你能通过一些小打小闹的方法将自己的思想转化为工程学的进步。威尔伯与奥维尔的第一架飞机并未要求国家科学基金会成立一个项目对其资助，他们用自己的自行车生意就应付了经费问题。这对兄弟自制了飞机的翅膀与机身，使用的是他们早已拥有的工具，运用了他们丰富的自行车技艺；查尔斯·泰勒（Charles E. Taylor）设计并手工制造了发动机。

太空探索则在一个完全不同的层面上展开。第一批月球漫步者虽然也只有尼尔·阿姆斯特朗和巴兹·奥尔德林两人，但站在他们背后的有：被暗杀的总统所授权的力量、10 000名工程师、资助阿波罗计划的1 000亿美元，以及土星5号火箭。

尽管我们中的许多人对阿波罗时代有着纯洁的记忆，但美国人首先登上月球并非因为我们是天生的探索者，也非因为我们的国家坚定地追求着知识。我们首先登上月球，仅是因为美国要站出来打败苏联以赢得冷战。约翰·费茨杰拉德·肯尼迪在1962年向NASA的高层官员抱怨时，这个意向已非常明确：

> 我对太空并不是那么感冒。我认为太空还是不错的，我们可以适当地了解它，我们对此已有所准备并计划了合理的投资。不过，今天，我们做出这一宏大的，甚至会毁掉我们其他项目预算的大投资的唯一理由是，我希望我们能打败他们（苏联）。我们必须证明，我们在大干特干两年之后，必将超越他们，以上帝之名。

无论你是否接受或喜欢，战争（冷战或热战）确是公共领域中最强有力的资助驱动力。当某个国家处于战争状态，花钱就如泛滥的洪水。通常，崇高的目标——诸如好奇、发现、探索以及科学——能为你带来中等大小项目所需的金钱，但这些项目需要与当时的政治文化产生共鸣。大型的昂贵的项目相对周期更长，需要获得持续的投资，需要经受住政治经济的起伏跌宕。

跨越时代、穿越文化，只有战争、贪婪，以及皇权或宗教力量的活动满足过那一资助条件。今天，皇权已被选举而产生的政府替代，宗教力量通常只能以无组织的力量表现，上述第三种动力已在很大程度上失去了效力，但战争与贪婪仍在大放异彩。某些时候，它们甚至会手挽手地联合作用，比如从战争的艺术中实现牟取暴利的艺术。不过，两者相比，战争则是最强烈的终极理由。

阿波罗 11 号的旅程正好赶上我满 11 岁，我将宇宙视为点燃生命的激情。与其他许多看过尼尔·阿姆斯特朗行走在月球上的人不同，我没有欢呼。我只是感到了轻松，终于有人在探索未知世界了。对我来说，阿波罗 11 号代表着一个时代的开端。

登月行动持续了三年半，阿波罗项目成为了一个时代的终结。在人类项目的历史中，随着月球旅程在时光与记忆中黯淡，阿波罗项目也显得越来越模糊。

人们看见第一双溜冰鞋、第一架飞机、第一台桌面式电脑，我们只会发出咯咯的欢笑。与这些古董不同，人们看见第一艘飞向月球的火箭，364 英尺（111 米）高的土星 5 号，我们会产生出敬畏之情。土星 5 号的遗骸躺在德克萨斯的约翰逊航天中心、佛罗里达的肯尼迪航天中心，及阿拉巴马（Alabama）的美国航天与火箭中心。一波接一波的崇拜者，从火箭的头部走向尾舱。他们抚摸基座上那强有力的火箭喷嘴，想象着这个大家伙如何打败了地球的引力。欲将他们的敬畏转变为欢笑，我们的国家必须重启努力，实现“勇敢地前往未知地”的计划。

32　偶然的梦

当我接到要求，要在今年的空间技术名人堂晚宴上做主题演讲时，我感到诧异，因为我就职于太空基金会的委员会（它是晚宴的资助者，更是整个名人堂讨论会的资助者）。通常，委员会的成员不会被请去做主题演讲。上个星期二我接到邀请时，我得到了保证，并非因有人临时取消了演讲而邀请我去替补。鉴于这个保证，我答应了这个邀请。我看了看之前在这一活动上做过演讲的人员名单：布儒斯特·肖（Brewster Shaw）上校，获得勋章的宇航员；弗雷德·格雷戈里（Fred Gregory）上校，获得勋章的宇航员；詹姆斯·安波杰（James Albaugh），波音综合防御系统首席执行官；罗恩·休格尔（Ron Sugar），诺斯罗普格鲁曼公司（全球排行第三的防务商，也是最大的雷达与军舰制造商）首席执行官；戴维·汤普森（David Thompson），光谱航天公司首席执行官；诺曼·奥古斯丁，洛克希德马丁公司（美国航空航天制造商）首席执行官，美国未来太空计划咨询委员会主席，及其他 6 个协会与学会的主席。看过这份名单后，我意识到，我将是排名中地位最低的人。

我从未进入部队，我不是上校更不是将军，我不是任何大人物。也许，我是一名候补军官，我们的将军应该有几杠几星呢？你是否注意到我的马甲，我也有星星——太阳、月亮、行星。但愿我能成为一名太空领域的候补军官。

我在太空基金会委员会任职的那段时间，曾努力地尝试适应它。不过，这非常困难，因为我的专长是天体物理学，我更愿意与搞学术的人在一起。我们组织了自己的会议，每年我参加国家空间专题讨论会时都会前往宾馆和各大展览厅，就像人类学家来到了部落。

太空推特59号@泰森

仅供参考：起飞后的两分钟之内，航天飞机在空中的速度将超过M16冲锋枪发射的子弹的速度。

2011年5月16日上午9：25

男人们设计了火箭（外形酷似阴茎）。测试火箭时如遭遇不工作障碍，人们会委婉地说，“推进功能障碍”（火箭发射失败等于男性勃起功能障碍）。

我自问，如果女人们设计火箭，火箭还会是现在的样子吗？这个问题没有答案。不过，我真想知道设计者的初衷。试问，火箭应该设计成这样吗？火箭设计为阴茎模样符合空气动力学，可火箭在真空中并不需要空气动力学，因为那里没有空气。事实上，火箭在真空中并不需要一定是今天这样的形状。

不过，火箭在穿透大气时，这样的设计确实符合空气动力学。所以，我想知道，是否有人能做出一个至今未被男人们发明出来的，符合空气动力学的其他物体，能愉快地穿透大气。我在这个问题上做了一些探索。这里有一项设计与你们的设计完全不同，这可没有什么阳具崇拜。[泰森到了演讲台后面，扯出了平展的8英尺（2.4米）长的纸条，纸条一端向上垂直地穿有一个5英尺（1.5米）直径的圆环，另一端垂直地穿有一个3英尺（0.9米）直径的圆环，泰森将其掷向了观众，让较小的环在前面。那些坐在后排的人看见它在飞翔，前排的女士则抓住了它。]

现在，我们谈谈政治。我是一名学者，我不是任何人任何地方或者任何事物的主宰。不过，学者、科学家们喜欢争辩，因为争辩总能萌发出新鲜点子。我们把事件不断分解，以找出某些更好的方法，可行的办法。所以，科学家们擅长于对付不同的观点。我们能在某天接受某种观点，而在次日采纳另一种观点，我们接受多样化的观点。然而，最终的真理只有一个。政治通常会对真理的求解带来障碍，因为它缺乏连续性。

最近，我和家人一起去了佛罗里达的迪斯尼游乐园，我们参观了美国总统真人尺寸一般大的电子人偶。我的小孩，一个10岁一个6岁，我们共同温习了每位总统的名字，从乔治·华盛顿（George Washington）到乔治·沃克·布什。当他们在总统位上时，一些有趣的事情开始在美国发生；当他们离任总统位时，一些重要的、需持续久远的事情开始遗留下来，无一例外。

我再次强调：太空在本质上是无党派的。太空不是两党的，它超越两党而存在。肯尼迪说过，“让我们去月球吧！”而我们宇航员留在那里的铭牌上的签名却是尼克松。对探索的渴望，从历史上讲，与你是自由主义者或保守主义者、民主党或共和党、左翼或右翼，毫无关系。

作为美国人，我们对一些特定的事物习以为常。如果你未前往一些别的地方，你很难注意到这点。我们美国人总在梦想，有时这些梦想并非好事，因为一些梦想并不现实。不过，在多数时候，梦想是好的，它刺激我们思考未来。一代又一代的美国人梦想过，我们要活出一个不同的未来，现代化的未来，所有文化从未经历过的未来。电脑发明于美国，摩天大楼诞生于美国。美国不仅梦想了，更是发明了新的、现代化的明天，其推进力正是科学与技术上的设计与革新。

不能期冀一个贫穷的国家去梦想，因为它缺乏足够的资源使梦想变为现实。对穷人来说，梦想只会成为无法承受的奢侈。同时，许多富裕的国家也未能在明天的展望上投资时间，美国应避免成为那样的国家。尽管我们今天仍愿意思考未来，但我们却遭遇了危险，因为我们的装备变得不再精良，让梦想变为现实的概率大大降低。

2007年，我在联合国教科文组织的巴黎总部做了一次演讲，就在斯普特尼克50周年庆典活动上。当时有4个主题演讲者，分别来自俄国、印度、欧盟、美国（我）。自然地，俄国人首先发言，因为斯普特尼克首先升空。他谈论的是斯普特尼克对他们国家的意义——骄傲、荣幸、激动。

随后上台的是来自印度和欧盟的代表。他们没有如俄国与美国那样的历史太空遗产，在太空大时代他们能谈些什么？地球监测。印度演讲者谈到了印度地区的雨季，这完全可以理解，因为重要气候现象正是他们国家的重点。两位演讲者一次也未提及地球之外的任何东西。我想，我们也同样喜欢并关心地球，不过，你们是想将宇宙间除地球之外的其余部分忽略掉吗?

太空推特 60 号@泰森

如果地球是一间教室那样大的球体，大气层的厚度还不如教室墙上的油漆。

2010 年 4 月 19 日早上 6：13

问题在于，你以什么角度观察地球。某些人看见地球上的云在飘、风暴在酝酿，他不知道小行星正在袭来的路上。当别的某些人告诉你，小行星即将抹掉你们的国家，你才发现地球的安全问题在自己的考察之外。真到了那刻，你曾经考虑的风险已不值一提。

事实上，我们不仅要弄清楚小行星的问题，邻近行星也得弄清楚。我们的左边是金星，它的名字来源于爱与美之神，它在夜空中非常美丽。夜空中的金星是美丽的，但它却沦为了失控温室效应的受害者，金星的表面温度为 900 华氏度（482 摄氏度）。我们有时也将它称为我们的姊妹星，因为它的大小和质量与地球相近，地表重力也几乎一样。900 华氏度（482 摄氏度）意味着，16 寸的披萨只需 9 秒即可烤熟。金星太热了，那是一个搞砸了的温室试验。

我们的右边是火星，它曾满布流淌的水。因为我们在它的表面发现了干涸的河床、干枯的河流三角洲、干燥的由蜿蜒河流泛滥冲击出的平原、干涸的湖底。今天，那片大地表面的水消失了。我们认为，它或许渗入了永久的冻土。是什么原因致使了这一结果，我们不得而知。

因此，你不能仅是检测地球、了解地球，那不是科学。在科学中，你需要别的东西来与你的样本做对比。我并未说你们不应研究地球，我只是强调，如果你在研究地球的过程中相信地球是某个处于宇宙中央的安全孤岛，你就错了。事实是，我们早就知道存在一个小行星，正向我们奔来。

一些人会说，对 NASA 的投资太多了。我想问，你们的认识全面吗？遇到这样的提问，我通常会回答他们，“你认为 NASA 拿到了多少？你认为 NASA 获得的纳税比例有多高？”他们会说，“10%？20%？”一些人甚至会说，“30%？40%？”当我告诉他们，“不是 10%，不是 5%，甚至不是 1% 时”，他们通常会说，“我不知道具体数据，我想应该不少吧。”我告诉他们，“仅有 5‰，它们分别资助于哈勃太空望远镜的美丽图像、航天飞机、国际空间站、从内太阳系到外太阳系的所有科学数据，及向我们奔袭而来的小行星的科学数据。”这时，他们改变了态度。不过，无知仍在人群中扩散，真相应该被更多的人知道。

两年前，我参加过《今日秀》节目。当时，卡西尼太空飞船刚被拉入环绕土星的轨道。这非常棒，20 世纪 70 年代，我们仅能做到飞掠。那时，苦等了 6 年的宇宙飞船飞掠而过，它能做的尽是拍摄有限的图片并传回地球。现在，我们为飞船提供了一些额外的燃料，它能进入轨道以更好地拓展观察。

主持人马特·劳尔就卡西尼号对我表示祝贺后，改变了腔调，他希望知道我如何证明这次任务与 33 亿美元的标价相符。我明确指出，33 亿美元分布于 12 年的跨度，平均每年不足 3 亿，甚至不如美国人每年花在唇膏上的钱。

看看我们的普通生活，我们会做多少事情？花多少钱？再问问自己，“宇宙的价值是什么？”引入这样的背景，你或许会得出不同的答案。

国会会面临许多挑战，最大的挑战莫过于如何分配税金，怎样更合理。有人说，平均每年 150 亿—170 亿美元应花在无家可归的人、或教育、或别的什么事上时，我会强烈反对。国家由梦想定义，由梦想的践行定义。我想生活在一个重视梦想的国度，因为那是我们进化的前提。

最近，我经历了一次让人沮丧的启示，这次启示与“第一次”相关。第一部手机看上去像块大砖头。你看见它时一定会想，人们真的将它举到了耳朵边吗？记得在电影《华尔街》中，富翁在汉普顿斯（Hamptons）的海滨房中用那样的手机谈话吗？我记得自己当时曾说过，

"真酷！他能在海滩上一边散步，一边与某人电话交谈！"现在，当我再次看见它时，我难以想象如此巨大笨重的手机拿在手中是什么感受？

这就是人类进步的证据。回看那些首次出现的事物，砖头大小的手机、带小曲柄的汽车、外表像被布包裹起来的昆虫一样的飞机，你会说，"将它们请进博物馆吧！"你看着那些第一代产品，你评论着它们的可爱，但你并不会继续使用它们。这就是我们实现超越后的见证。

我每次前往肯尼迪航天中心，都会向土星5号投去敬仰的目光。我看着它，触摸它，就像《2001：太空奥德赛》里的人猿触摸巨石那样。事实上，我并不孤单，许多人都会不自觉地做出这个动作。通常会有下面几个问题回响脑海，"这怎么可能？我们去了月球？如何办到的？"不过，为什么来自20世纪60年代的产物还能给我们带来这样的感觉？我真想自豪地对土星5号火箭说，"那是古董！看看他们在20世纪60年代的成就吧！现在，我们已拥有了更好的设备 。"

是的，我们现在正着手解决那个问题，尽管有点晚了。它应在20世纪70年代就开始了。我们都知道它为何停滞了下来，不需要再重复那个故事。我们必须明白，如果我们不将事物推向前进，别人就会后来居上。到那时，我们只能跟着他们的脚步，开启追逐模式。

回到"梦想意味着什么"的话题上做展望。研究太空，必须涉及多领域的新兴交叉问题。现在，我寻找火星上的生命，需要生物学家的帮助。如果生命存在于泥土之下，我还需要地质学家的帮助。如果泥土的酸碱度存在一些化学问题，我还需要化学家的帮助。如果我想要在轨道上建造一个物体，或许还需要机械工程师与航空航天工程师的帮助。

今天，我们在同一屋檐下彼此交谈。今天，我们意识到太空不仅是情感上的前沿，也是所有科学的前沿。所以，当我站在一间八年纪的教室前时，我必须说出，"成为一名航天工程师吧！因为我们在前沿上做着令人吃惊的科学工作。"

太空推特61号@泰森

如果幸存的智利矿工是英雄（而不是受害者），那么，你们应如何称呼那些拯救他们的、来自NASA与智利的工程师们？

2010年10月17日早上7：47

不论我旅游到哪儿，一些陌生人总会在街上认出我，他们中的大多数人是工人阶级。我将他们看作蓝领知识分子。受限于环境或运气等原因，他们没能或没有机会读大学。然而，这并不能掩盖他们对知识的好奇。他们观看探索频道，他们阅读《国家地理》，他们观看《新星》节目，他们希望知道答案。我们需要合理引导他们对知识的渴望，这有助于改变我们的国家。

除了上述内容。我更期盼，我们能去接受那些被称为宇宙展望的东西，接受那些让我们能超越自身、超越地球的梦想展望，想象与今天不同的明天。也许我们并未意识到，人类能对明天有所想象，是多么稀罕和特殊。一旦人类缺失了梦想，将会是何种状态？我回顾了最近几十年间的宇宙探索行动，回顾了当时的科学家们如何展开梦想，回顾了后来的我们如何倾向于被动地随波逐流。我想：也许是我们太强大、太聪明，拥有了太多雄心勃勃的人，以至于剥夺了下一代创造明天的特权。

33　以数字之名

在我们的前方，充满着挑战。这些挑战之难，将远超你的想象。最近，我受邀前往美国广播公司新闻部门为《早安美国》所设的委员会任职。我们的任务是，挑出一组新的世界七大奇观。现在已是21世纪了，我们开干吧！这个项目需要每天揭开一个世界奇观，像一场持续7天的脱衣舞秀。

曾经的世界七大奇观是人造物件，现在的标准将其拓展到了自然领域。这个委员会的另外8人都有丰富的世界旅行经历，他们提议了澳大利亚大礁堡、亚马逊河，以及其他自然类型的东西。我的提议是，土星5号火箭，它是首艘逃逸地球的火箭！

当我提出这个建议时，他们全都看向了我，似乎我有三头六臂一般。我必须保持礼貌，因为我们正处于摄录状态，我给出了最热情洋溢的说辞：土星5号是首艘离开近地轨道的火箭，它达到了地球的逃逸速度：每秒7英里（11.26千米）。历史上，没有任何宇宙飞船能将人类带到那样的速度，这是人类工程与智慧的最高成就。再次，他们看着我。我没与他们对视，没与他们交流。最终集体定下的结果是：大峡谷、瀑布，还有冰冠。

这时，我提到了另一个计划，中国的三峡大坝，这可是当时世界施工项目中最大规模的工程了，比胡佛水坝大6倍。再强调一次，对中国来说，那样的工程量并不稀奇。他们曾实施过世界上最大规模的工程——长城。委员会的其他人都转过头来看着我，“难道，你不知道那是在破坏环境?”我回答，“我们的评选，并未将此列为先决条件。事实上，我们不应削弱这一最大的大坝成就的工程学奇迹。”

最终，我的提议仍被否决。不过，我又接到邀请参加另一轮评选：

帮助挑选美国的七大奇观。我告诉自己，如果我不能将土星5号列入进去，我就打包搬到另外一个国度或者另外一颗星球。经过一系列掰手腕、竖颈毛，及策略性地讨价还价后，我成功了。

不过，这让我知道，这个民族尚未加入到我们这些太空狂热者、太空技术人员、太空幻想家所在做的事情中。

你或许参加过鸡尾酒会，一群文化人站在一个角落，谈论着莎士比亚（Shakespear）、萨尔曼·拉什迪（Salman Rushdie），或者最近一位获得布克国际文学奖的作者。这时，如果一位科学极客加入了交谈并正好提到了快速心算，通常得到的回应是，“我不擅长数学”，然后则是大家的一阵窃笑。假设你是那些文化人中的一员，你逛入了极客的圈子并提出了一些语法方面的论题。你或许会认为，极客们会说，“我不擅长于名词与动词”。事实恰巧相反，无论他们是否喜欢语言课，他们绝不会因自己不擅长而偷笑。所以，当我们都表现出无知时，在接受与不接受这两种行为之间，我发现了不同人的不同选择。

我关注过这件事，我还能就这类无知提供一些例子。首先，如你所知，世界上有两类人：愿意分类的人与不愿意分类的人。但事实上，世界上只有：擅长数学的人与不擅长数学的人。

我认为，正在发生的事是，我们的国家正变得越来越蠢。这里有一条报刊头条：“该区域中一半的学校成绩低于平均水平”。一般来说，平均成绩本身就意味着，半数低于平均半数高于平均。如果所有的学校均高于平均，这将是个明显的数学错误。

再为大家分享另一则头条：“在起飞前，80%的空难幸存者都研究了紧急出口的位置。”一些人也许会说，“我要做那80%的人，我一定要在上飞机后读读靠背口袋里的安全须知。”数据资料传达给我们一个信息：80%的空难幸存者研究过紧急出口在哪里。但事实上，100%的遇难者研究过紧急出口在哪里是存在可能的。你无法获得这个答案是因为他们已经死亡。所以，这样的统计并不完整，它不能给出有意义的结果。

再谈谈另一个问题，为什么75%的高层建筑没有第13层？经过研究发现，21世纪的美国人害怕13这个数字。我们正演变为哪类国家？

未来会是什么？人们似乎正在计算那些不能被平均的东西的平均数！引用爱尔兰数学家戴斯·麦克哈勒（Des MacHale）的一句带嘲讽性的语言：平均每人有一个乳房和一个睾丸。这条算术上精确的陈述在实际中毫无意义。

愚蠢的问题不仅在数学方面。你读高乐氏409清洁剂的标签时，会看见“不要用于隐形眼镜”的说明。那个警告的存在，只是因为有人这样试验了。事实上，如果你用它来清洁你的隐形眼镜，就蠢到家了。

最近，我在佛罗里达的圣彼德堡（Saint Petersburg）做了一场演讲。那个晚上的最后一个问题是，“如果，国会将面向科学与工程学研究的资金彻底削减。同时，国会允许你提一个你想做的项目，你会如何选择？选择什么项目？”我立刻回答，“我会拿着那些钱建一艘船，航向别的某个重视给科学投资的国家。我在后视镜中可以看到，美国退回到了石穴洞窟，这就是你们不给科学与工程学投资带来的结果。”

曾几何时，美国人会建造最高的建筑、最长的高架铁路桥、最长的隧道、最大的大坝。你也许会说，“那只是用来炫耀。”是的，它们确实可以让我们耀武扬威。不过，更重要的是，它们表现了一种前沿工作的使命，在技术的前沿、工程学的前沿、人类智慧的前沿，去往那些未知之地。当你停止这个过程，你的基础就崩塌了。

这些天，有大量的与中国相关的话题。接下来，我们谈谈中国。你们一定听说过有关古代中医与古代中国发明的事吧？你们听说过现代的中国发明吗？我列举部分古代中国在6—15世纪实现的一些事。他们发现了太阳风与磁偏角，发明了火柴、象棋、麻将，通过尿液分析诊断糖尿病；他们发明了首只机械钟、活字印刷、纸币，以及分段拱桥；本质上，他们发明了指南针，显示出磁北与地球北并不相同（对航行而言，这非常重要）；他们发明了磷光涂料、火药、喇叭裤，以及烟花；他们发明了手榴弹。他们在那个时期的国际贸易中非常活跃，不断发现着新的陆地与民族。

至15世纪末，中国变得与世隔绝起来。它停止了眺望其海岸线以外的地方；它停止了对新知的探索。整个创新体系停滞了，这就解释了之前我们提出的问题，你未曾听说过现代的中国发明。

事实上，恰好相反，他们开始谈论古代中国医学。在你停止革新、投资、探索时，一定会付出代价且后果严重。这让我感到焦虑，如果你停止探索，就会被别人追赶，你将会遗憾地出局。

关于中国，我们还知道一些什么？他们有接近15亿人口，占世界总人口的20%。你知道15亿是个多大的数字吗？它意味着，按照百万挑一的标准选人才，你能在中国挑出1 500人。

不仅如此，中国的顶尖人才（才智排位前25%的人）甚至高于美国。这个问题令我失眠。再列举一些数字：中国每年大约有50万科学家与工程师毕业，我们不足7万（远低于按人口比例计算出的应有数量）。最近，在盐湖城的一次脱口秀中，主持人就那些数据向我问话，我回答，“我们每年在某些领域的毕业生确实也达到了50万——律师。”他继续问我，这个数字对美国意味着什么？我回答，“它揭示了我们的未来，未来将满布我们对国家基础设施崩塌而提起的诉讼。”

关于基础设施崩塌这一事件，我是在危言耸听吗？并不！去年7月，曼哈顿的一条主蒸汽管爆炸，有人受伤，有人死亡；去年8月，I-35公路明尼阿波利斯（Minneapolis）段横跨于密西西比河（Mississippi River）上的桥发生垮塌，新奥尔良的堤坝决堤。这是什么事？这是当你从世界技术领袖变为蠢蛋时必然发生的事。你的基础设施开始崩塌，你只能被动地跟着问题跑，试着在损失出现后再去解决它们。

我不想在堤坝垮掉后再为人们搭建避难所，我们应提前建造出不会垮掉的堤坝。我不想在龙卷风来临时四处逃窜，我们应找出某种方式消灭龙卷风。我不想在一颗小行星奔袭而来时逃跑，我们应弄明白如何将它偏移开。显然，这是两种不同的心态。一种是在问题出现后解决；另一种是在问题出现前解决。要实现后者，我们需要众多的科学家与工程师。

换个话题，我们先看看太空圈子的人有多少？我来核对一下：波音公司有多少员工？全世界范围内是150 000；洛克希德马丁公司有140 000；诺斯罗普格鲁曼公司有120 000；通用动力公司有90 000；

NASA有18 000。这些大公司的雇员并非全都涉及太空领域，当然，还有一些雇员相对较少的公司也有从事这一领域的工作者。会员机构的情况又如何呢？行星学会、国家航天学会、火星学会总计，也许有100 000人。如果你将所有涉及太空及泛太空的人做加法，在美国，从事这一行业的人不会超过50万。美国，平均600人中不足1人涉及这一领域。

现在，问题来了，我们看上去就像某类特殊的兴趣小组。这里，我将我们与其他特殊兴趣小组做个比较。国家档案登记处，一些组织有超过400万的成员。谁有100万成员呢，相当于所有在航空航天业工作的美国人数目的两倍——汉娜·蒙塔娜（Hannah Montana）粉丝俱乐部、美国麋鹿爱护与保护共济会、植树节基金会。在美国，有100万儿童在家自学，有100万人属于帮派组织。就特殊兴趣小组的规模而言，我们远落后于其他小组。

接下来，我们谈谈预算的事，我喜欢谈论预算。综合不同年度的不同比例，NASA的预算大约为税收的5‰。只是，多数人认为，NASA拿到的钱应该比这个高。这或许不是坏事——它至少意味着，在公众面前，NASA的开销透明度很高。如果联邦机构的实际资助真与公众所认为的资助水平匹配，NASA的预算会增加10%—20%。

太空推特62号@泰森

美国银行的紧急求助金额超过了NASA半个世纪间的预算总和。

2011年7月8日上午11：10

一大帮人试图为NASA辩护，他们谈及了附加利益。确实，我们做出了附加利益，我们弄出了空间技术名人堂。NASA也确实对经济产生了影响力。NASA总体上是正面的。然而，在某种意义上，它并未凸显出NASA的重要性。

事实上，还有一些别的事情能凸显NASA的重要性，发现与探索的快感，只是它们很少被人提及。并非所有的国家都能为它的公民提供这样的可能。在贫穷的国家，人们还为基本的三条生理需求困惑：追求食物、住所、性。如无视这些基本的需求，就等于灭绝。在富裕的国家，我们可以超越这些基本需求，我们有时间思考人类在宇宙中的位置。也许，你会认为这很奢侈，实则不然，这就是人类之所以为人的理由。它完全表达了我们在生物学上的重要性，因为我们拥有一个与之匹配的大脑。不使用它，就是对生物学的扭曲。

太空知识是我们大脑开发出的成果之一。当然，还有数字。我喜欢数字，尤其是大数字。大数字到底有多大？我想，大多数人或许没有感觉。我们一般将那些太大的数称为天文级：天文级债务、天文数字般的工资。天文学在大数字中进行运算。我希望你能与我一样，对它们感兴趣。

让我们从小数字热身，比如1。我们知道，数字1增长1 000倍能得到1 000。再增长1 000倍，我们得到了1 000 000（100万）。现在，我们达到了大城市的人口数了。8个那样的数相加，得到800万，即居住在纽约城的人口总数。再增长1 000倍，能得到1 000 000 000（10亿）。你知道10亿有多大吗？我来告诉你。

太空推特63号@泰森

我居住在一个怎样的国家？时代华纳有线有750个频道，包括几十个外语频道，但没有一个是NASA频道。

2011年2月24日上午11：01

麦当劳每天都在销售汉堡包，多到他们自己也无法数清。我曾给朋友这样说，假设将其视为100个10亿。从科泉市（Colorado Springs）开始，一路向西，将汉堡包接连摆放。你能延伸至洛杉矶，越过太平洋，穿过亚洲、欧洲、大西洋，回到华盛顿特区。在你放下最后1个汉堡包时，你正好回到科泉市。事实上，从数学的角度，你能这样绕52个圈。这个数据源自于我对巨无霸的尺寸的预算。

我们回到10亿这个数。这里，有谁将满31岁？恭喜，你即将迎来生命中第10亿秒。许多人庆祝他们的生日，我庆祝自己的生秒。我曾用一瓶香槟庆祝自己的第10亿秒生命。我乐意为这样的场景推荐香槟，不过你必须快速喝下它，因为你只有1秒钟的时间去庆祝。

让我们再增加1 000倍，10 000亿，1 000 000 000 000。数字1后面跟了12个0。显然，依靠数数，你几乎不能实现。在数学的角度，每秒数1个数字，你数到10亿需要花费31年。数到10 000亿，需要花费31 000年。放弃吧！31 000年前，山顶洞人还在澳大利亚玩岩石艺术，在中欧刻矮粗大腿的女性雕像。

如果，我们再增加1 000倍，数字1后面跟上15个0——千万亿。据科学统计预测，曾经生活过的人类所发出过的声音、说过的词语的总数约能达到这个数字。

再增加1 000倍，数字1后面跟了18个0，百亿亿。这几乎等于沙滩上的沙粒的平均数。跟着你泳装回到你家的沙子，也是它们中的一员。

再增加1 000倍，数字1后面跟了21个0。这大约等于可观测宇宙中的恒星总数。如果你进来这里的时候带着巨大的自负，你或许不会对这个数字有好感。看看我们的星系邻居，仙女座星系，它像我们星系的孪生子。在模糊的星云系统中，密麻如雨水涟漪一般的数以千亿计的恒星分布着，我们能看到的仅是一片极小的区域。你或许尝试看更远的地方，托哈勃太空望远镜的福，每个活跃的星云系统都像一块斑点。如果你的自负不至于大到无法理喻，请领略一下宇宙尺度去感受自己的渺小。

在星系中，有一类特殊的恒星会发生爆炸。它们在其核心制造重元素，爆炸时，会把它们浓缩的内容物扩散到整个星系——碳、氮、氧、硅，以及在元素周期表出现的其他元素。这些元素在气体云中富集，诞生出下一代恒星及附属于它们的行星。在那些行星上或许能存在形成生命的成分，它们与这一宇宙的元素一一对应。

宇宙间含量最多的元素是氢。同样的，它也是人体内含量最多的元素，处于水分子（H_2O）中。宇宙中含量第二多的是氦。在化学上，它是惰性的，因而对人体无用。吸入氦气是一种在聚会上很好玩的花招，但对生命而言，它在化学上并无用处。排在它们后面的是氧，它大量存在于人体及地球上所有的生命体。宇宙中，下一丰度排名是碳，它是一种巨大的可再生元素，人类就是碳基生命。再向下呢？氮。宇宙间元素丰度排序与生命中的元素丰度排序几乎一一对应。如果，我们是由铋的某种同位素构成，你或许能争辩一下，主张我们是宇宙间某类独特的物种。事实上，并非如此。我们是由最常见的成分构成，宇宙给我们带来归属感、参与感。

太空推特 64—65 号@泰森

供参考：宇宙间超过 90% 的原子是氢，其原子核内只有 1 个单独的质子。

2010 年 7 月 2 日上午 9：07

记得一个科幻故事：外星人穿过银河系，目的是从地球的 H_2O 储备中攫取氢。作者真需要重修一下 Astro101 这门课（美国的一门天文学课程）。

2010 年 7 月 2 日上午 9：13

你可能会问，谁在统治地球？许多人认为，我们人类是最聪明最有才华的种族，我们就是统治者。对这一观点，细菌们或许会有不同的看法：在你的降结肠中，仅在直线距离 1 厘米的区域内定居并存活着的细菌数量就远超世界人类总数（包括故去的人们）。这是真实发生的事情。现在，你还认为我们是统治者，或者，我们只是细菌单纯的宿主吗？这取决于你的观点。

我对人类的智慧思考良多，因为我对这个看似愚蠢的问题感到担忧。看看我们的 DNA，它与黑猩猩有着超过 98% 的相似度，与其他哺乳动物的相似程度也不低。事实上，我们在大部分的区域上是相同的。我们认为，我们是聪明的，因为我们能写诗、谱歌、解方程、造飞机，这是聪明的证据。好吧！我对那个定义并无意见。但无论你多有耐心，也无法让黑猩猩领悟三角函数的计算。

同时，我们还将宇宙飞船送达了月球，这来源于我们 DNA 里与其他动物的不足 2% 的差别中获得的智慧。所以，我们天性会自私地说，“那是多么地不同!”我们确实存在自我鼓励的倾向。比如，你曾看过那些令人视错觉的趣味书籍吗？视错觉实际上是大脑障碍，大脑未理解其所看见的东西，坠入了困惑。不过，我们通常不会将这些事件称为“大脑被欺骗的方式挫败”，我们习惯将其称为“视错觉”。我们认为，这样可以撑起自己的面子，不会带来不爽。

这里，还有一段静夜之思。我为此而失眠，希望它也能令你失眠。既然遗传学上 2% 的差异非常小，那么，智力上的差别也应非常小。可怕的是，我们自我认为，这个差距非常大。想想，若存在一种生物（地球上的另一种生命形式、外星人，或别的任何东西），其 DNA 在智慧程度上超出了我们的 2%，将有多么可怕。如同我们的 DNA 在智慧程度上超越了黑猩猩的 2%，这种生物的存在将让我们变为十足的白痴。

你一定见过灵长类动物学家向大家展示训练有素的聪明的黑猩猩。所以，那些 DNA 高于我们 2% 的生物会如何谈论我们？也许，他们会展示史蒂芬·霍金，然后向他们的同类说，“是不是太酷了？请看，他竟能在脑袋里做天体物理学计算，赶上了我那 2 岁大的孩子小提米(Timmy)!”想象一下，他们的世界会是什么模样。对他们那些蹒跚学步的孩子们而言，量子力学、相对论、弦理论皆能不学自通。他们给孩子们看的，是学龄前儿童写的十四行诗，而不是冰箱门上的面食类识物图谱。在他们的眼中，我们与黑猩猩并无区别。如同我们认为，黑猩猩与其他很多动物并无区别，只有我们最聪明最高级。

我非常担心，受限于人类的大脑，宇宙间的许多问题真是为难我们。我希望，我们能够解决那些问题。事实情况是，我们太笨了。

一些人开始对此感到不安。我们可以用归属感的方式去看待。我们切忌认为，我们在地球里，而宇宙的其他部分在外面。我们是生物圈的共同参与者，我们具有生物学、遗传学上的联系。我们在遗传学上彼此相关，也与地球上所有别的生命形式关联。我们在化学上与宇宙间的所有其他物体相关，我们与行星、尚未发现的生命形式相关。未知生命或是未知生命形式也用着我们在元素周期表中陈列出的元素。他们用着与我们相同的元素周期表，这些元素也是宇宙的组分。正因为如此，我们在遗传上彼此相关，我们在分子上与宇宙间的其他物体相关，我们在原子层面上与天地间的其他任何原子相关。

对我来说，那是一个深邃的思想，甚至是宗教式的。科学——由工程学带来的、由 NASA 带来的——告诉我们，“不仅是我们在宇宙中，宇宙也在我们中。”对我而言，归属感提升了我的自负，而不是打击了我的自负。

这是我与同事们一直经历着的一场史诗般的旅程。我在 9 岁那年就沉浸其中。我呼吁，世界上的其他人也应去了解这一旅程。它对我们的生命、安全、自我形象，以及梦想的能力至关重要。

34　挑战者号之颂，1986

寂静庄严中你默默伫立，
热切期盼发射准备已毕。
随着“主引擎点火 3－2－1”，
你终驾雾腾云冲天而起。

尾端火箭将你推向天际，
“加油前进”时却不够给力。
一个火球将你完全吞噬，
任性的推进器逃离轨迹。

大西洋在你残躯下凄迷，
哥伦布从这里首航向西。
一段英勇而无畏的旅程，
唯有勇者方获真正胜利。

作为宇航员挥斥的勇气，
终随你们一同坠入海底。
惜飞行员迈克尔·史密斯（Michael Smith），
再叹指挥官迪克·斯科比（Dick Scobee）。

有工程师格雷格·贾维斯（Greg Jarvis），
与朱迪斯·蕾斯尼克（Judith Resnik）在一起。
加上日本后裔鬼冢承次（Ellison Onizuka），

与物理学家罗·恩捷（Ron McNair）零落成泥。

无人能够忘却伟大教师，
克丽斯塔·麦考利夫（Christa McAuliffe）临终奋起。
在你坠落时高呼“全体起立”，
身虽已殒，生命长存心底。

我们对探索的渴求不息，
深植心底终生不离不弃。
谨为此我们接受着挑战，
为探索付出生命的努力。

国家与世界都悼念着你，
那最后爬升的风华意气。
今你虽已永远迷失太空，
却刻进了不朽的时光里。

35 宇宙飞船表现糟糕

打扫卫生时，地毯之下是死角。NASA 的孪生子太空探测器（即 20 世纪 70 年代初发射的先驱者 10 号与先驱者 11 号）航向了银河系深处的恒星，它们均受到了诡异而持续的力作用，以致它们的预期轨迹被改变。我们的计算结果认为，每艘先驱者号都应抵达我们预设的某个特定位置，但实际情况告诉我们，它们出现在了别的地方——相比预期位置，它们距离太阳近了 25 万英里（402 336 千米）。

我们将这种与理论不符的情况称为先驱者异常，这在 20 世纪 80 年代初表现得尤为明显。当时，这些宇宙飞船已距离太阳很远，太阳的力对其速率的影响已非常微弱。当时的科学家们预期，先驱者号的旅程行进至那个阶段，应当只在单独引力的作用下运动。但事实并非如此，来自太阳辐射的微小推力掩盖了一个异常。在某个点上，阳光的影响力将小于异常现象的影响力。当先驱者号到达此处时，两艘先驱者号均在速率上出现一种无法解释的、持续的改变，这对孪生探测器每航行 1 秒会发生 0. 000 2 英寸（0. 005 08 毫米）位移的变化。这个数值或许不大，但随着时间的演进，会呈现较大数值的位移。

科学家们可不会想当然，他们并未坐在办公室里额手称庆。相反，他们会说出类似“唔！真奇怪”这样的话语。这类低声下气的话语通常以无声或沮丧而结束。但偶然间，也会弹出对宇宙法则产生新领悟的火花。

他们不断地寻找，终于获得了答案。严肃的研究始于 1994 年，首篇与其相关的研究性论文出现于 1998 年，自那之后，针对这一异常现象的各种解释被提上台面。已出局的解释包括：软件错误、中途修正火箭阀门的泄漏、太阳风与探测器无线电信号的相互作用、探测器磁场与太阳磁场的相互作用、新发现的柯伊伯带天体所呈现的引力作用、空间与时间的可变形性，以及宇宙的加速膨胀。当然还有一些其他常见或不常见的解释，但反对者认为，牛顿引力定律在外太阳系将不具有效力。

1958 年夏，先驱者项目中的首艘宇宙飞船先驱者 0 号被发射了，但并未成功。在接下来的 20 年，有另外 14 艘宇宙飞船被发射升空。先驱者 3 号与 4 号监测了月球、5 号到 9 号监测了太阳、10 号飞掠了木星、11 号飞掠了木星与土星、12 号与 13 号造访了金星。

先驱者 10 号在 1972 年 3 月 2 日夜间（在阿波罗项目最后一次登月的 9 个月之前）离开了卡纳维纳尔角并在次日清晨穿过了月球轨道。1972 年 7 月，它成为了首个横越小行星带的人造天体，小行星带是分隔内太阳系与外太阳系的碎石带。1973 年 12 月，它成为了首颗从质量巨大的木星获得“弹弓效应”的人造天体，借助“弹弓效应”，它从太阳系中被永久地踢了出去。尽管在 NASA 的计划中，先驱者 10 号仅能与地球保持 21 个月的通讯，但这艘飞船的能源持续运行着并实现了与地球通讯达 30 年（一直持续到了 2003 年 1 月 22 日）。它的孪生兄弟先驱者 11 号的联络寿命就短多了，1995 年 9 月 30 日是它最后一次向地球传回信号。

先驱者 10 号与 11 号的中心是一个工具箱般大小的设备舱，装备了核心仪器与一个小型的发电机。其他一些仪器与天线包围着设备舱。热感应百叶窗为船上的电子设备保持着理想的工作温度。船上还有 3 对火箭喷嘴，填满了可靠的推进剂，被设计用以在前往木星的旅程中进行中途修正。

这对孪生子及其装载其上的 15 台仪器的电源来自一块块的放射性钚-238，它们驱动着 4 台放射性同位素热电发电机（缩写 RTGs）。钚的半衰期是 88 年，其缓慢衰变所产生的热产出了足够多的电力，用以维持宇宙飞船在多个波段上拍摄木星及其卫星的图像、记录各样的宇宙现象长达十多年。至 2001 年 4 月，来自先驱者 10 号的信号已衰减得非常厉害，勉强能被地球检测。

这艘探测器通信的主要设备是一个呈碟形的 9 英尺（2.74 米）宽的

天线，指向地球。为了保持天线的朝向准确，两艘宇宙飞船都配备了恒星与太阳感应器，使其可绕天线的中轴旋转，就如枢纽前卫将橄榄球绕其长轴旋转以稳定球的轨道。在碟形天线长久的寿命期间，它通过深空网络发送并接收信号，深空网络是一组横跨整个地球的高灵敏度天线的集合，它使工程师持续不断地监测宇宙飞船成为了可能。

先驱者 10 号与 11 号上均有一块镶嵌在飞船侧壁的镀金匾。匾上包含了一组裸体男性与女性形象的铭刻。人物形象的大小与对宇宙飞船本体的尺寸作了准确缩比。同时，还有一幅太阳在银河系中的位置图解，以告诉可能邂逅这对孪生子的外星人这艘宇宙飞船的起源。

太空旅行涉及到大量的滑行。典型地，一艘宇宙飞船依靠火箭使自己离开地面，并进入其航程。此外，小一些的引擎会在途中被点燃，用以修正飞船的轨道或将飞船送入环绕目的天体的轨道。在起点与终点之间，飞船使用最多的是滑行。对那些计算飞船在太阳系任意两点间的牛顿轨道的工程师来说，他们必须考虑飞船航程中可能存在的所有引力源，包括彗星、小行星、卫星、行星。

计算结束了，先驱者 10 号与 11 号走过了它们那数十亿英里远的行星间的太空旅程，勇敢地航向了未知区域并打开了我们的新视野。没人预测到，这对孪生子出发后不久，就成为了万有引力物理学基本法则的意外见证者。

天体物理学家并不能很容易地发现新的自然法则，我们不能操控我们关注着的天体，我们的望远镜是被动探测器。然而，某些不按规则运行的事情却给我们传递了一些信息。比如：天王星，它的发现归功于英国天文学家威廉·赫歇尔（William Herschel），时间可回溯至 1781 年（也有其他人注意到了它的出现，但误将其认定为了恒星）。在接下来的数十年间，对其轨道的观察数据的积累使人们发现，天王星轻微偏离了牛顿引力法则的范畴。这一法则在当时已历经了一个世纪，并在别的行星与卫星上得到验证。一些著名的天文学家认为，或许在距离太阳遥远的位置牛顿定律也出现崩塌。

太空推特66号@泰森

艾萨克·牛顿是最聪明的人。他发现了运动定律、万有引力定律，以及光学定律。他在业余时间发明了微积分，当时他还未满26岁。

2010年5月14日凌晨3：18

我们要做什么？废弃或者修改牛顿的定律并创造出新的引力法则？或者假定在外太阳系中存在一个尚未被发现的行星，它的引力未被纳入对天王星轨道的计算？答案在1846年浮出水面，那时的天文学家们发现了行星海王星，正是它的引力扰动了天王星。牛顿的定律暂时安全了。

比较调皮的是水星，它是距离太阳最近的行星，它的轨道时常不服从牛顿的引力定律。法国天文学家于尔班－让－约瑟夫·勒维耶（Urbain－Jean－Joseph Le Verrier）曾预言过天空中海王星的位置，与实际仅有1度的偏差。当时，就水星的异常行为，他作了两种假设——其一，存在一颗新的行星（他称其为伏尔甘），它的轨道距离太阳太近故而无法在太阳那炫目的背景下被我们观测到；其二，存在一个整体的、未列入编目的带状小行星群，其轨道位于水星与太阳之间，它们对水星的影响未被我们采纳计算。

勒维耶的两种假设均是错误的。我们的测量工具确有误差。在这一误差范围内，牛顿定律在外太阳系的表现良好。只是在内太阳系出现了崩塌，事实上，它们被爱因斯坦的广义相对论取代。距离太阳越近，其强力的万有引力场产生的外在效应就越加不能被忽略。

水星与天王星，两颗行星两种类似的异常，其解释完全不同。

先驱者10号在太空中滑行已快10年了。当NASA喷气推进实验室（JPL）的一名天体力学与无线电物理学专家约翰·D. 安德森（John D. Anderson）首次注意到先驱者10号的航行数据偏离JPL的电脑模型预测值时，先驱者10号离太阳大约有15天文单位（AU）（1 AU等于地球与太阳之间的平均距离，它是太阳系内衡量距离的一种“尺度”）。在先驱者10号航行至20天文单位时，在这个距离上，来自太阳光线的推力不再对这艘宇宙飞船的轨道有太大作用，偏移出现了。最初，安德森并未将这一差异当回事，他认为这个问题或许归咎于软件或者宇宙飞船本体。不过很快，他确定，若在公式中引入一个外来力，先驱者 10 号的信号位置可与实际位置相匹配。

是先驱者 10 号在航程中遇上了一些不寻常的事吗？如果是，那就可以合理解释了，事实上并没有。人们发现，先驱者 11 号在另外一个完全不同的方向上向太阳系外航行，也出现了与先驱者 10 号相似的偏移。准确地说，先驱者 11 号的异常相比于先驱者 10 号更大。

在面临要么修订传统物理学定律，要么寻找这一异常的合理解释时，安德森与他在 JPL 的同事斯拉瓦·托拉谢夫（Slava Turyshev）选择了后者。

这是明智的第一步。因为在不同方向上的热能流动会产生不可预期的效应，安德森与托拉谢夫检查了宇宙飞船的材料——尤其是一条通路，它能从一个表面吸收、传导、辐射热量至另一个表面。他们的调查结果能解决大约 10% 的异常现象。不过，两位研究者均非热力工程师，他们很快迈出了明智的第二步：寻找热力工程师的帮助。2006 年初，托拉谢夫找到了加里·金塞拉（Gary Kinsella）。同为 JPL 的同事，金塞拉此前并未见过托拉谢夫，也未见过先驱者号，而托拉谢夫劝服了金塞拉的加入。2007 年春，他们一起抵达了纽约城的海登天文馆，向满座高朋讲述了他们尚未完成的研究工作。同时，世界上其他的研究者们也开始了这个挑战。

想想在距离太阳几亿英里远的地方，宇宙飞船是如何工作的。首先我们需要知道，飞船的向阳面会变得温暖，阴暗面未得到加热的硬件将陷入 -455 华氏度（-270 摄氏度）的低温，这是外太空的背景温度。我们还需要知道，宇宙飞船由多类不同材料构造，装备有各种不同附件且具有不同的热力学性质，因而在吸收、传导、散逸、分散热量上均存在差异。此外，宇宙飞船的部件会工作于差异巨大的温度：低温学的科学仪器在冰冷的外太空中运转良好，相机则更适应于室温。火箭推进器在点火时能达到 2 000 华氏度（1 093 摄氏度）的高温。事实上，宇宙飞船上设备与设备间的距离非常小。

金塞拉与他的工程师团队面临的问题是，如何对先驱者 10 号上搭载的每个部件承受热力的影响作评估。为了完成这个评估，他们创建了一个计算机模型，模拟了一个被圆形罩壳包裹的宇宙飞船。随后，他们将飞船表面细分为了 2 600 个区域，以追踪宇宙飞船内部每个点上的热流。此外，他们还检索了所有可获取到的项目档案与数据文档，其中许多数据甚至来源于计算机依赖打孔纸条进行数据输入的年代。

在这一团队的电脑模型里模拟出的世界中，宇宙飞船被置于一个与太阳具有特定距离（25 天文单位）并与太阳形成特定夹角的位置，且所有部件被假定为按其预期的方式进行工作。金塞拉与他的团队确定，在宇宙飞船外表面发生的不均等热散逸确实造成了一个异常，飞船具有了一个持续不断的朝向太阳改变的速率。

不过，这个效应能在多大程度上解释先驱者异常？或许是一部分，或许是大部分，也或许是全部。这个团队的热力学模型是基于先驱者 10 号的轨道与硬件数据搭建，它实际显示出的异常小于先驱者 11 号。

那么，异常的其余部分解释是什么？我们得寄望于金塞拉的分析，希望这一分析能从宇宙的地毯之下扫出一些新东西。这些新东西能解析全部异常吗？或许，我们要小心地再次思考一下牛顿引力定律的准确性与包容性。

在先驱者号之前，人类从未在巨大距离上精确地测量过牛顿引力，也从未确认过在那样的距离上牛顿引力定律的正确程度。事实上，爱因斯坦广义相对论专家斯拉瓦·托拉谢夫将先驱者号的旅程看作有史以来最大的引力试验，以验证牛顿引力定律是否适应于外太阳系。他的主张是，该试验显示出牛顿引力定律或许不完全有效。

2009 年初，为使行星学会网站的访客们方便，托拉谢夫与他的同事维克多·托斯（Viktor Toth）生动形象地解释了他们为何一直坚持不懈地研究先驱者异常。他们的解释是，“我们正在大海里捞针，或证明那里根本没有针……”具体如下：

在短期内，在引力常数上的认识再引入一位小数或者对任何偏离爱因斯坦引力理论的现象进行更严格的限制，或许是痛苦地吹毛求疵。然而，我们不应失去“大局观”的视野。200 年前，研究者们在使用精密的仪器测量电流属性时，他们并未想到覆盖整个大陆的电网，更未想到外太阳系的深空由人造机械送回的微弱电信号。他们只是进行了基础而严谨的实验，揭示的法则将电流与磁场、电势与化学反应联系了起来。事实上，他们的工作奠定了我们现代社会的道路。

与此类似，我们不能在今天想到，引力科学中的哪种研究会带来明天。也许，有朝一日，人类能将引力利用最大化；也许，有朝一日，人类能使用未来被发明出的引力引擎穿越太阳系，就像今天的喷气客机穿越大洋那样简单；也许，有朝一日，人类不再需要火箭推动宇宙飞船航向星星。这些事情对今天的我们而言皆是未知，不过，我们可以肯定一件事——只有持续努力地创新进步，否则，什么变化也不会到来。我们进行着的工作，无论是证实爱因斯坦预料之外的引力的存在，或是通过考量微小热力反冲以提高深空中宇宙飞船的航行精度，也许都能为未来的科学梦想奠定基础。

目前看来，有两种力量在深空中起作用：牛顿的引力法则与神秘的先驱者异常。除非这一异常可完全地用异常工作的硬件来解释，且能由此排除对牛顿法则的怀疑。否则，牛顿法则将始终停留在等待确认的状态。

天地间的某处，或许真有一块地毯，其下掩藏着一条新的物理法则，等待着被揭示。

36　NASA对美国的未来意味着什么

有人问："地球上的很多问题都没解决，为何花钱去投资天际？"每当这时，我都会闪出一个念头，"如果每人能给我5美分，多好！"事实上，未来的某天，或许会有小行星拜访我们。所以，我们绝不能只看着下面，想着自己也许还过得不错。我们必须向上看。

在当前空间项目的计划中，NASA将会促进近地轨道的商业化进程。《1958美国国家航空暨太空法令》赋予了NASA推进太空前沿的责任。今天，近地轨道已不再是太空前沿，NASA有责任将其继续推进至下一步。当前的计划表明，我们不会再前往月球。也许，我们在未来的某一天会前往火星，虽然我不知道它的具体时间。

现实中，我对未来感到焦虑。在我们缺失前往近地轨道之外的某个地方的计划时，我们同时缺失了推进这些理想的力量，这一定会在某个程度上影响年轻美国人的择业。在我的判断中，NASA是最好的自然力量，没有之一。我从未见过八年级的学生坐在椅子上说，"将来，我想成为一名国家科学基金会研究员""将来，我想成为一名国立卫生研究所研究员"。事实上，这些机构都进行着重要的科学工作，但年轻的择业者们并不了解它们，甚至难以看见它们。我担忧，载人航天项目也许会被取消。作为一个项目，在推进前沿的过程中它总能创造英雄。它是一种力量，刺激着科学家、工程师、数学家，与技术专家的形成。如果社会培育了这些人才，他们能成为创造并实现明天的人。

21世纪的经济力量将取自于对科学与技术的投入，这是自工业革命以来就被人们熟知的——拥抱了那类投资的国家将成为世界的引领者。我想重申的是：NASA仅花费了税收的5‰，但它成就了空间站、航天飞机、火星车、哈勃望远镜，宇航员以及所有的NASA中心。当人们问，“为什么我们要在太空中花钱”时，我会回答他们，“你认为我们花了多少?”通常，他们会回答“NASA 花了税收的 10%—20%”。事实只有 5‰。

今天的美国正在衰退，没人再去梦想明天。NASA 知道如何梦想并实现明天——如果资助能支撑他们的梦想，如果资助能允许他们的梦想。当然，我不否认孩子们需要好老师。不过，老师来了又走了——因为孩子们需要继续着下一年级，再下一年级。虽然，老师能帮助孩子点燃火苗，但我们还需要鼓风机维持孩子们刚被点燃的火苗。NASA 就是这样的鼓风机。今天，世界上最强大的粒子加速器位于法国与瑞士边境的地下数百英尺处；世界上最快的火车由德国建造且正奔驰在中国的大地。在美国，我们的基础设施在崩塌：燃气管爆炸、桥梁垮塌、土制堤坝被啮齿动物侵占，没有人梦想明天。

人们或许认为，自己能应对生活中新出现的问题，如同贴上一块邦迪创可贴那样简单。然而，在塑造梦想的事务上，我们那最为强劲的机构目前正面临资金不足的窘境，因而无法完成它的基本使命。NASA 的工作是：使这一国度的梦想成为现实，以税收的 5‰去实现它们。

为了宇宙，你愿付多少钱?

太空推特 67 号@泰森

美国军队 23 天的常规开销约等于 NASA 整年的开销——这还建立在非战争状态的前提下。

2011 年 7 月 8 日上午 11：13

结 语

宇宙展望

在人类发展出的所有科学中，天文学是公认的、毋庸置疑的最庄严、最有趣、最实用的科学。因为，通过这一科学得到的知识，不仅使地球的体积得以被发现……它所表达出的宏大思想还可使我们特有的从业人员队伍迅速扩大。我们的思想与低级、固化的偏见相比更为高尚。

——詹姆斯·弗格森（James Ferguson），《用艾萨克·牛顿的理论解释天文学，并使它对那些没有数学基础的人也显得容易》

在人们领悟宇宙存在起点这一观点之前；在人们知道距离地球最近的大型星系有250万光年之前；在人们明白恒星发光发热的原理以及原子的存在之前，科学家詹姆斯·弗格森的狂热介绍就为我们敲响了真理的钟声。他的预言，不但在18世纪广为流传，现在看来也言犹在耳。

哪些人习惯于这样的方式思考？哪些人会因采用了宇宙观探讨生命而庆祝？不是移民而来的雇农；不是血汗工厂的工人；不是在垃圾桶里搜寻食物的流浪汉。习惯这样思考的人，需要有奢侈的时间，他不仅需要轻松应对自己的基本生活，还需要生活的那个国家的政府重视对宇宙的探索与理解。他需要某个社会，这个社会中对知识的追求可将其带往探索的前沿，他探索到的新鲜事儿也能在这个社会中迅速散播。以这些条件来衡量，工业国家的多数公民具有更好的条件。

事实上，宇宙观的到来也会伴随一些被隐藏起来的代价。比如：某次日全食，为了在快速移动的月影下追逐数千英里，我时常忽略地球上的问题。

在我停下脚步，深思那扩张着的宇宙以及宇宙中疾驰着的彼此远离的星系时，深思它们为何深陷于宇宙那延展着的四维空间与时间中时，我通常会忽略地球上还有无数缺乏食物和居所的人以及他们的孩子。

一些数据证实了宇宙间暗物质与暗能量的神秘存在，在我集中精力阅读那些数据时，时常忽略地球上的问题——地球上的人们正杀人或者被杀，一些人以上帝之名或者其他名义展开杀戮；一些人以国家的需要或者欲望展开杀戮。

当我追踪那些在宇宙中受引力而进行皮鲁埃特旋转（芭蕾中的竖趾旋转）的小行星、彗星，以及行星的轨道时，时常忽略地球上的问题——多数人不顾及地球的空气、海洋、土地的脆弱平衡而恣意妄为，其后果将由我们的子孙来承担，或许需要用他们的健康与生命为代价。

此外，地球上能力强大的人很少在其能力范围内帮助那些能力较低的人。

我偶尔会选择忽略地球上的事，是因为我认为宇宙更大。对某些人来说，这是种让人沮丧的想法，对我来说却是种让人解放的想法。

想想一位正照顾受创伤的小孩的大人：一个破掉的玩具、被擦伤的膝盖、一场学校运动场上的恐吓。成人都明白，小孩子对真正问题的组成部分一无所知，受限于经验的缺失，他们童年前瞻力的视界也会受限。

即便成年人，我们敢承认自己都拥有成熟的具有前瞻力的观念吗？显然不能，更何况孩子。

假设存在一个世界。世界中的每个人，尤其是那些拥有能力与影响力的人，都对我们在天地间的位置具有一种前卫且具有前瞻力的观念。在那一前瞻力下，我们的问题会被最大程度地缩减。

回到2000年2月，重建的海登天文馆推出了一场太空秀，名为“去往宇宙的护照”。它带领游客们进行了一次从纽约城到天地边缘的急速移动。途中，观众会先后看见地球、太阳系、银河系中数以万亿计的恒星。最终，图像会缩小为天文馆穹顶上那个勉强可见的斑点。

在海登天文馆开放日后的一个月，我接到了一封来自常青藤联盟的心理学教授的信，这位教授的专业是研究使人们感到价值丧失的事物。我惊讶于竟有这样的一个研究领域。这个家伙通常对访客进行前后对照问卷，以评估他们在观看结束后的抑郁程度。“去往宇宙的护照”，他写道，“勾引出了我有生以来对极致渺小这一概念的最强烈的感受。”

我每次观看太空秀，都能感受到生机并欢欣鼓舞。我能感受到宏伟大气，那是3磅（1.36千克）重的人类大脑进行的最有意义的活动，它能使我们弄清自己在宇宙中的位置所在。

平心而论，社会中强大的力量使我们多数人习惯随波逐流，我也不例外……直到一天，生物课堂告诉我，“人类结肠的1厘米长度中所生活与活动的细菌，高于世界上生活过的人类人口总数。”这引起了我的思考，谁才是真正的掌控者？

自此之后，我不再将人类视为空间与时间的主宰，而是将他们视为伟大天地的生物链中的参与者。他们与那些今天存活着的以及灭绝的物种都保持着直接的遗传联系，甚至能追溯到40亿年前的地球上最早的单细胞生物。

我知道你们在想什么，我们比细菌聪明。

这是毫无疑问的，我们比地球上曾经行走过的、爬行过的，或者滑行过的任何生物更聪明。我们能为自己烹煮食物，我们能做诗作曲，我们能创作艺术。我们进行科学活动，我们擅长于数学。即使你的数学再不济，也强于最聪明的猩猩百倍，事实上，猩猩与我们的遗传一致性上的差别甚微。即便灵长类动物学家尽其所能，猩猩们也无法学会乘法口诀表或者进行连除计算。

如果，我们认为自己与猿猴的巨大智力差别是由微小的遗传差异造成。那么，也许在事实上，我们与猿猴之间的智力差异并没我们想象的那么大。

想象一下，如果存在一种生命形式，他们的智力在我们之上，如同我们的智力在猩猩之上一样。在这种生命形式的眼中，人类最高智力也显得微不足道。他们蹒跚学步的孩子，不会去芝麻街（美国非营利性教育机构）学习字母表，他们会在布尔大道学习多变量微积分。我们最复杂的原理、最深奥的哲学、最具创造力的艺术家最珍视的作品，会成为他们的学龄儿童带回家给爸妈贴在冰箱门上展示的项目。他们会研究史蒂芬·霍金，因为他们会奇怪于为何他能比别的人类更聪明，能在脑袋里进行理论天文学的基础计算。

如果存在某个巨大的遗传鸿沟使我们与动物王国里的物种区别开来，那么，我们能为自己的智力欢庆。我们也许能夸街炫耀，称我们与其他物种截然不同。事实是，这样的鸿沟并不存在。与之相反，我们与其他生物皆为自然的一员，并无明显的高低等级，我们只是参与者之一。

接下来，我们先谈谈水。它简单、常见，且是生命的必需。一杯 8 盎司大的杯子中包含的水分子总数，大于全地球海洋能灌入 8 盎司大的杯子的总杯数。每一杯经过某人手中的水，终会回归世界的水供应链，水里的分子会分散至任何地方循环。比如：你刚喝下的水里，部分分子曾在苏格拉底（Socrates）、成吉思汗（Genghis Khan）、圣女贞德（Joan of Arc）的肾里过滤过。

与水相近，空气也是生命的必需。人类每次呼吸，吸入身体的空气分子总数，大于全地球大气中所有生物进行呼吸的总次数。这意味着，你刚吸入的空气中，部分分子曾从拿破仑（Napoleon）、贝多芬（Beethoven）、林肯（Lincoln）的肺里过滤过。

再谈谈宇宙。宇宙间的恒星总数目，大于全地球沙滩上沙粒的总数。即将地球诞生以来的时间以秒计数，也不能与恒星的总数相比。有史以来所有生活过的人类发出过的声音、说过的话的总数，仍不能与恒星的总数相比。

扫视过去，追忆那演变中的宇宙。从深空而来的光线需要一个时间值才能抵达地球上观察者的视网膜。科学地说，你看到的天体或现象并非它们现在的模样，而是曾经的模样。这意味着，宇宙扮演了一个巨大的时光机器的角色——你看到的越远处的事物，其时间回退值越大，甚至能回退到时间的起点。在人类对宇宙范围的推算中，宇宙演变持续进行着。

想知道我们是由什么构成的吗？宇宙演变为我们提供了宏大的解释。宇宙中的化学元素是高质量恒星在寿命终结时发生巨大爆炸锻造而成，为它所在的星系提供了丰沛的、形成生命的系列化学物，如同我们今天所知，其结果是，宇宙间最常见的4种化学性质活泼的元素（氢、氧、碳、氮）同样是地球生命中最常见的4种元素。

不仅是我们在宇宙之中，宇宙也在我们之中。

是的，我们就是星尘，但我们或许并非地球上的星尘。当我们将数项独立的研究方向合并时，研究者们不得不重新评价我们的认知：我们是谁？我们从哪里来？

首先，计算机模拟显示，当一颗巨大的小行星撞击一颗行星时，撞击点周围的区域能被冲击能量反弹，岩石会被弹射进太空中。将那里作为起点，这些岩石能飞行并降落到别的行星表面。

其次，微生物很坚强。某些微生物能经受住太空旅行的极端温度、气压、辐射而存活下来。微生物可嵌入在岩石缝隙，跟随岩石一起经历太空旅行并降落至新的行星。

再次，最近揭示的证据告诉我们，在太阳系形成后的较短时间内，火星曾是潮湿的且资源富饶，甚至早于地球出现过繁荣的状况。

这些发现意味着，生命起源于火星再被播种至地球的观点具有可信度。学术界将这一过程称为有生源说。按照这样的观点，所有的地球人也许都是火星人的后裔。

随着世纪的更替，对天地的探索使人类的自我形象一降再降。地球曾被假想为天文学上的唯一，直至天文学家们发现地球仅是绕行太阳的行星之一。此后，我们推测太阳是唯一，直至天文学家们发现夜空中无数的星星均是与太阳相似的恒星。再后，我们推测银河系即整个已知的宇宙，直至天文学家们证实天空中那数不清的模糊的东西实为类银河系那样的星系，它们共同点缀着我们已知宇宙的风景。

今天，我们假定宇宙是唯一，太容易。然而，新兴的现代宇宙学理论告诉我们，没有任何东西是唯一，人们正一次次地不断证实此观点。我们需要对科学持开放态度：多个宇宙亦称多元宇宙，有存在之可能。

在这一理论中，我们的宇宙仅是从天地的构造中爆发出的无数的泡泡之一。

随着基础知识的进步，我们对宇宙的展望仍在不息地涌现。相比你熟知的展望，新展望或许更多，它们蕴含着我们的智慧与洞察力。这些展望能评估我们在宇宙中的位置。

与宇宙展望相关的基础知识不断涌现，它们超出了你的想象。这些展望蕴含了我们的智慧与洞察力，这些知识可用以评估我们在宇宙中的位置。这些智慧与洞察力具有明确的属性：

宇宙展望虽然来自科学前沿，但它却非科学家独有，它属于每一个人；

宇宙展望是谦逊的；

宇宙展望是心灵上的，甚至是救赎的力量，但它并非宗教的力量；

宇宙展望让我们能在同一事物上，同时领会到巨大与渺小的含义；

宇宙展望将我们的思想引向非凡，但却不会让思想过度开放；

宇宙展望打开了我们对宇宙的视野，那里并非哺育生命的慈祥的摇篮，而是冰冷、孤寂与危险的地方；

宇宙展望让我们知道，地球虽是一粒尘埃但却弥足珍贵，因为它是我们目前拥有的唯一家园；

宇宙展望提醒我们，太空中没有空气、旗帜不会飘扬（旗帜飘飘也许与宇宙探索并不搭调）；

宇宙展望不仅证实了我们与地球上所有生命在遗传上的亲属关系，也揭示了我们与任何可能会在宇宙间被发现的生命在化学上的亲属关系，以及我们与宇宙本身在原子上的亲属关系。

即使不能做到每天，也应做到每周一次思考。我们应仔细思考，在我们面前，哪些天地至理尚未被发现。它也许在等待着一个聪明的思考者，或一个精巧的实验，或一个革新性的太空任务将其揭开。进一步思考，那些发现也许会在某天改变地球上的生命。

缺少此类好奇心，我们就与褊狭的农夫一样。对那些超过县界的冒险，农夫们不会表现出任何欲望，因为他那 40 英亩的土地已能满足他的所有需求。然而，如果我们所有祖先都抱着那样的想法，农夫就不会出现了。地球仍是山顶洞人的世界，他们拿着木棍，举着石头，追逐着晚餐。

人类出现在行星地球上，仅是短暂的一段时光。在这期间，我们给予了自己、也给予了我们的后代去探索的机会。探索的理由，部分是因为它很有趣。不过，还有一些更高尚的理由：我们对天地的认知必须不断更新（一旦更新停止，我们将承受重归幼稚的风险，认为宇宙围绕我们打转）。在那样一个毫无希望的世界，全副武装且缺乏资源的人类与国家，很可能会按他们“低级狭隘的偏见”采取行动。那时，将是人类文明的终结，直至一个有远见卓识的新文明崛起，方能再次拥抱人类对宇宙的展望。

附录 A

50 年来，NASA 的开销脉络，1959—2009

NASA 支出与美国联邦政府总支出及国民生产总值的关系（1959—2009）

年度	以现行美元计量的美联邦支出（百万美元）	以现行美元计量的NASA支出（百万美元）	NASA支出在美联邦总支出中所占比例（%）	以2009定值美元计量的NASA支出（百万美元）	以现行美元计量的美国GDP（十亿美元）	NASA支出在美国GDP中所占比例（%）
1959	92 098	146	0. 16	871	506. 6	0. 03
1960	92 191	401	0. 43	2370	526. 4	0. 08
1961	97 723	744	0. 76	4340	544. 8	0. 14
1962	106 821	1257	1. 18	7240	585. 7	0. 21
1963	111 316	2552	2. 29	14 500	617. 8	0. 41
1964	118 528	4171	3. 52	23 400	663. 6	0. 63
1965	118 228	5092	4. 31	28 100	719. 1	0. 71
1966	134 532	5933	4. 41	31 800	787. 7	0. 75
1967	157 464	5425	3. 45	28 200	832. 4	0. 65
1968	178 134	4722	2. 65	23 500	909. 8	0. 52
1969	183 640	4251	2. 31	20 200	984. 4	0. 43
1970	195 649	3752	1. 92	16 900	1 038. 3	0. 36
1971	210 172	3382	1. 61	14 500	1 126. 8	0. 30
1972	230 681	3423	1. 48	14 100	1 237. 9	0. 28
1973	245 707	3312	1. 35	12 900	1 382. 3	0. 24
1974	269 359	3255	1. 21	11 700	1 499. 5	0. 22

续表

年度	以现行美元计量的美联邦支出（百万美元）	以现行美元计量的NASA支出（百万美元）	NASA支出在美联邦总支出中所占比例（%）	以2009定值美元计量的NASA支出（百万美元）	以现行美元计量的美国GDP（十亿美元）	NASA支出在美国GDP中所占比例（%）
1975	332 332	3269	0. 98	10 700	1 637. 7	0. 20
1976	371 792	3671	0. 99	11 400	1 824. 6	0. 20
1977	409 218	4002	0. 98	11 600	2 030. 1	0. 20
1978	458 746	4164	0. 91	11 300	2 293. 8	0. 18
1979	504 028	4380	0. 87	11 000	2 562. 2	0. 17
1980	590 941	4959	0. 84	11 400	2 788. 1	0. 18
1981	678 241	5537	0. 82	11 600	3 126. 8	0. 18
1982	745 743	6155	0. 83	12 200	3 253. 2	0. 19
1983	808 364	6853	0. 85	13 100	3 534. 6	0. 19
1984	851 805	7055	0. 83	13 000	3 930. 9	0. 18
1985	946 344	7251	0. 77	12 900	4 217. 5	0. 17
1986	990 382	7403	0. 75	12 900	4 460. 1	0. 17
1987	1 004 017	7591	0. 76	12 900	4 736. 4	0. 16
1988	1 064 416	9092	0. 85	14 900	5 100. 4	0. 18
1989	1 143 744	11 036	0. 96	17 400	5 482. 1	0. 20
1990	1 253 007	12 429	0. 99	18 900	5 800. 5	0. 21
1991	1 324 234	13 878	1. 05	20 400	5 992. 1	0. 23
1992	1 381 543	13 961	1. 01	20 000	6 342. 3	0. 22
1993	1 409 392	14 305	1. 01	20 100	6 667. 4	0. 21
1994	1 461 766	13 694	0. 94	18 800	7 085. 2	0. 19
1995	1 515 753	13 378	0. 88	18 000	7 414. 7	0. 18
1996	1 560 486	13 881	0. 89	18 300	7 838. 5	0. 18
1997	1 601 124	14 360	0. 90	18 600	8 332. 4	0. 17
1998	1 652 463	14 194	0. 86	18 200	8 793. 5	0. 16

续表

年度	以现行美元计量的美联邦支出（百万美元）	以现行美元计量的NASA支出（百万美元）	NASA支出在美联邦总支出中所占比例（%）	以2009定值美元计量的NASA支出（百万美元）	以现行美元计量的美国GDP（十亿美元）	NASA支出在美国GDP中所占比例（%）
1999	1 701 849	13 636	0. 80	17 300	9 353. 5	0. 15
2000	1 788 957	13 428	0. 75	16 600	9 951. 5	0. 13
2001	1 862 906	14 092	0. 76	17 100	10 286. 2	0. 14
2002	2 010 907	14 405	0. 72	17 200	10 642. 3	0. 14
2003	2 159 906	14 610	0. 68	17 000	11 142. 1	0. 13
2004	2 292 853	15 152	0. 66	17 200	11 867. 8	0. 13
2005	2 471 971	15 602	0. 63	17 100	12 638. 4	0. 12
2006	2 655 057	15 125	0. 57	16 100	13 398. 9	0. 11
2007	2 728 702	15 861	0. 58	16 400	14 061. 8	0. 11
2008	2 982 554	17 833	0. 60	18 000	14 369. 1	0. 12
2009	3 517 681	19 168	0. 54	19 200	14 119. 0	0. 14

来源：行政管理与预算局历史表1.1（联邦政府支出）及表4.1（1962—2009 NASA支出）；《1958—1968 NASA历史数据手册：第Ⅰ卷，NASA资源（1959—1961 NASA支出）》；经济分析局（GDP数据）；安瓦尔·谢赫（Anwar Shaikh），新学院。

附录 B

NASA 消费，1959—2009 年（当前美元与定值美元）

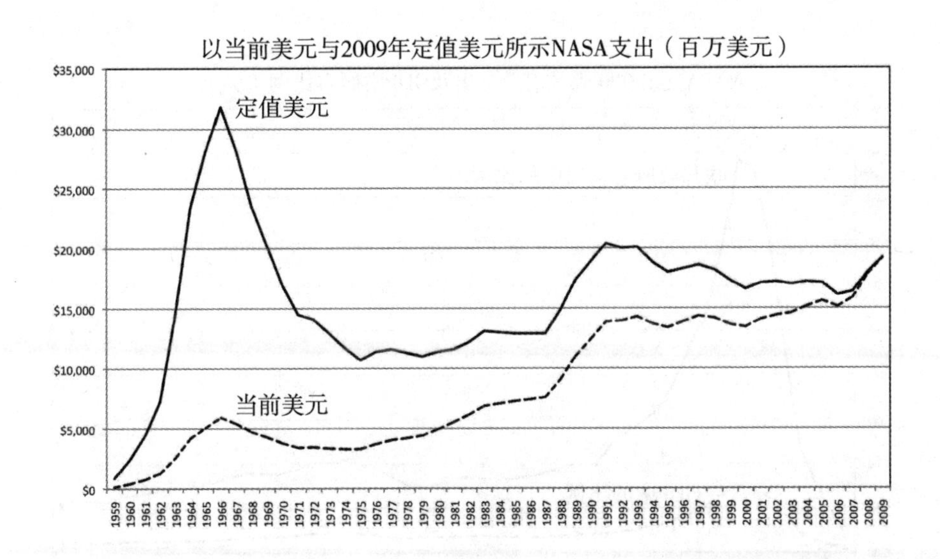

来源：行政管理与预算局历史表 1.1（联邦政府支出）及表 4.1（1962—2009 NASA 支出）；《1958—1968 NASA 历史数据手册：第Ⅰ卷，NASA 资源（1959—1961 NASA 支出）》；经济分析局（GDP 数据）；安瓦尔·谢赫（Anwar Shaikh），新学院。

附录 C

1959—2009 年 NASA 消费在美国联邦政府总消费及 GDP 中所占比例

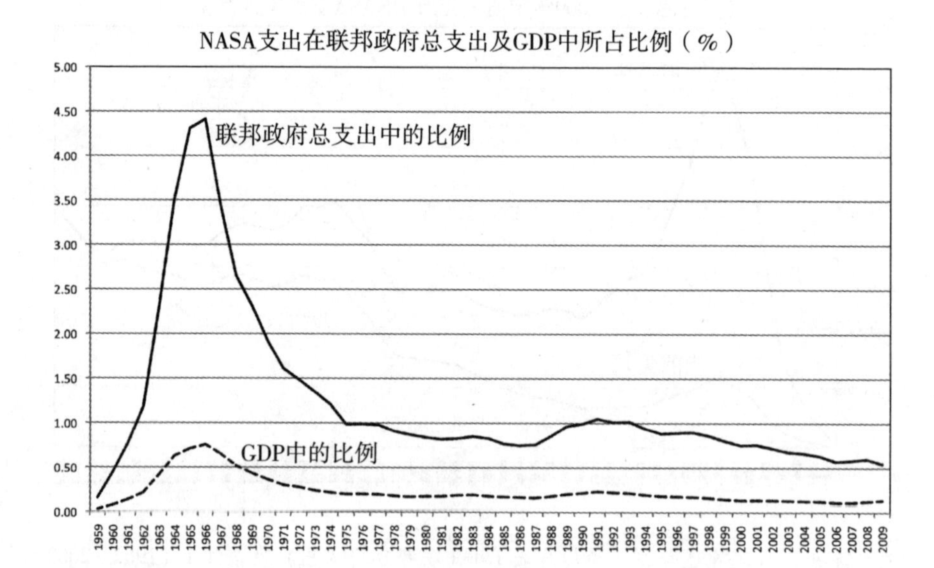

来源：行政管理与预算局历史表 1.1（联邦政府支出）及表 4.1（1962 – 2009 NASA 支出）；《1958 – 1968 NASA 历史数据手册：第 I 卷，NASA 资源（1959 – 1961 NASA 支出）》；经济分析局（GDP 数据）；安瓦尔·谢赫（Anwar Shaikh），新学院。

附录 D
美国政府机构太空预算

美国政府机构太空预算，2009

机构	预算	奖励	来源
国防部（DoD）	265.3 亿美元	–	总统航空航天报告
国家勘测局（NRO）	150.0 亿美元	–	GlobalSecurity.org 网站估计
国家地理空间情报局（NGA）	20.0 亿美元	–	GlobalSecurity.org 网站估计
国家航空航天管理局（NASA）	177.8 亿美元	10.0 亿美元	国家航空航天管理局
国家海洋和大气局	11.8 亿美元	0.7 亿美元	国家海洋和大气局
能源部（DOE）	0.4 亿美元	–	能源部
联邦航空局	0.1 亿美元	–	联邦航空局
国家科学基金会	6.5 亿美元	1.5 亿美元	国家科学基金会
合计	631.9 亿美元	12.3 亿美元	
总计	644.2 亿美元		

来源：《2010 太空报告》，太空基金会授权使用。

附录 E
2009 年全球太空预算

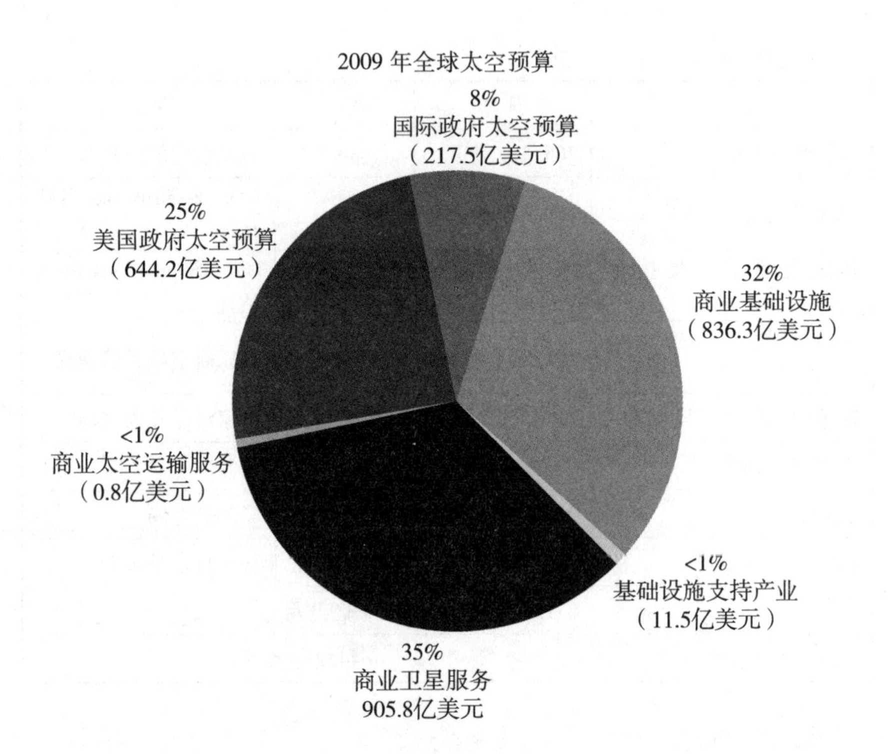

来源：《2010 太空报告》，太空基金会授权使用。

附录 F

非美国政府实体 2009 年太空预算

2009 年国际太空预算

国家/机构	预算（美元）	来源	描述
欧洲航天局	51.6 亿	欧洲航天局	2009 年拨款
欧盟	15.6 亿	欧盟	2009 年拨款
阿根廷	0.7 亿	阿根廷政府	2009 年预算
巴西	1.9 亿	巴西政府	2010 授权
加拿大	3.3 亿	加拿大航天局（CSA）	2009 年拨款
智利	0.01 亿	智利政府	2009 年预算
中国	17.9 亿	富创（Futron）公司	2009 年预算估计
法国	10.6 亿	国家太空研究中心（CNES）	2009 年拨款，不含欧空局部分
德国	7.7 亿	德国政府	2009 年授权，不含欧空局部分
印度	10.6 亿	印度政府	2009—2010 年预算分配
以色列	0.1 亿	富创公司	2009 年预算估计
意大利	4.7 亿	太空新闻	2009 年预算，不含欧空局部分
日本	37.2 亿	日本时报	2009 年预算
尼日利亚	0.2 亿	尼日利亚政府	2009 年预算
俄国	29.0 亿	欧盟委员会国家研究综合政策信息系统（ERAWATCH）	2009 年拨款
南非	0.8 亿	南非政府	2009 年拨款

续表

国家/机构	预算（美元）	来源	描述
韩国	2.3 亿	韩国空间局（KARI）	2009 年拨款
西班牙	0.6 亿	西班牙政府	2009 年预算，不含欧空局部分
英国	1.0 亿	英国国家航天中心（BNSC）	2009 年预算，不含欧空局部分
非美国军事空间，不含中国	21.8 亿	富创公司	依据欧洲咨询公司 2008 年比例估计
合计	217.5 亿		

来源：《2010 太空报告》，太空基金会授权使用。

致 谢

安·瑞·乔纳斯（Ann Rae Jonas）为本书誊写了多篇演讲，忠实地记录了我的语言和想法。太空探索历史学家约翰·M. 洛格斯登（John M. Logsdon）为本书提供了丰富的数据、信息与深刻见解。哥伦比亚大学的理查德·W. 布利特（Richard W. Bulliet）为我编辑了本书中收录的太空探索随笔的初稿。与宇航员尼尔·阿姆斯特朗、巴兹·奥尔德林、汤姆·琼斯（Tom Jones）、艾琳·科林斯（Eileen Collins）、凯茜·沙利文（Kathy Sullivan）、国会议员罗伯特·沃克尔（Robert Walker）、作家安迪·查金（Andy Chaikin）、科学家史蒂芬·温伯格与罗伯特·拉普顿（Robert Lupton）、工程师娄·弗里德曼（Lou Friedman）谈论天空的昨天今天和明天，我非常享受。与美国空军将军李斯特·莱尔斯（Lester Lyles）和约翰·道格拉斯（John Douglass）、美国海军指挥官苏·赫格（Sue Hegg）及航空航天分析师海迪·伍德（Heidi Wood）谈论国家安全问题，与太空狂热者洛丽·加弗、斯蒂芬妮·席尔霍尔茨－菲布斯（Stephanie Schierholz－Fibbs）、伊莲·沃克尔（Elaine Walker）、埃利奥特·普勒姆（Elliott Pulham）以及科学达人比尔·奈（Bill Nye）谈论 NASA，也令我非常愉快。最后，如果没有我在《自然历史》杂志中的随笔编辑及本书编辑阿维丝·朗对我作品表述方面的热情支持，《宇宙探索》不会面世。

——尼尔·德格拉斯·泰森

我要感谢尼尔·泰森提供了如此之多的、意料之外的宇宙邂逅，我还要感谢埃利奥特·泼德威尔（Elliot Podwill）在文学与美食上为我提供的帮助，感谢史仁达·帕拉沙（Surendra Parashar）及安瓦尔·谢赫对我的支持，感谢诺顿·朗（Norton Lang）、尼维迪泰·马宗达（Nivedita Majumdar）、弗兰·内西（Fran Nesi）、朱莉亚·斯卡丽（Julia Scully）、埃利诺·瓦赫特尔（Eleanor Wachtel）的文字录入工作，感谢伊丽莎白·斯塔佐（Elizabeth Stachow）的排错工作。

——阿维丝·朗

《宇宙探索》记述了有史以来人类对太空展开的探索史，分析了激励人类走向太空、走向宇宙的历史本源——宗教皇权、经济回报、战争态势。事实上，作者认为，我们应客观认识，人类仅是宇宙生物链中的参与者而非主宰，我们与地球上的其他生物亦无本质差异。激励我们坚持探索精神的本源应是纯洁的，我们应该为了科学、为了自我进化而探索。创新、探索，是人类进化的本源。

同时，作者提出，地球绝非宇宙中唯一的生命载体。地外生命或地外生命形式确定存在；我们的宇宙并非唯一，多元宇宙确定存在。我们唯有坚持探索，促使科学进步，方能驱动人类进化。

尼尔·德格拉斯·泰森，出生于纽约城，天体物理学家。哈佛大学物理学学士，哥伦比亚大学天体物理学博士。曾出版畅销科普作品《死亡黑洞》《冥王星档案》……

泰森是13所大学院校联名荣誉博士学位获得者，获得过NASA杰出公共服务奖章（该机构向非政府雇员公民颁发之最高荣誉）。在向公众宣传宇宙认知上，他的贡献得到了国际天文联合会的高度认可并将13123号小行星官方命名为“泰森”。泰森担任了海登天文馆的第一任管理员，他与妻子及两个孩子现居纽约城。